“清华幸福课”第一讲，专心致志的听课场景（地点：清华大学医学科学楼）

“清华幸福课”课堂场景

围坐在讲台前的同学们

安全出口
EXIT
清華大學 医学院
清華大學医学院
Tsinghua University School of Medicine

课堂现场答疑

生命成长教育系列

清华幸福课

中国人自己的幸福实践手册

心归

曹丽清/著
刘亦雄/整理

中国纺织出版社
2015·北京

内容提要

2014年下半年，清华大学举办了一个以“清华幸福课”为题的五讲系列讲座。为了让更多人获得生命成长的机会，作者特在讲课稿的基础上整理成书。本书从优秀传统文化和现代文明先进成果中吸取养分，首先重新确立看待事物的视角，即站在生命的立场上去看待“幸福”，提出“幸福”不是一个概念，而是“敞开自己，允许一切发生的生命体验”。

看清这个实质，各种具体困惑就会随之化解、脱落。同时，从人们最关心的家庭、健康、事业、关系、学业、婚恋、亲子等议题切入，有针对性地给出观察视角，让每个人收获生命的真正绽放。

图书在版编目（CIP）数据

清华幸福课 / 曹丽清著；刘亦雄整理. —北京：中国纺织出版社，2015.9（2024.1重印）

（生命成长教育系列）

ISBN 978-7-5180-1781-2

Ⅰ.①清… Ⅱ.①曹…②刘… Ⅲ.①幸福—通俗读物 Ⅳ.①B82-49

中国版本图书馆CIP数据核字（2015）第144215号

策划编辑：李　猛　　　　责任编辑：李　猛

特约编辑：周　珊　　　　责任印制：储志伟

中国纺织出版社出版发行

地址：北京市朝阳区百子湾东里A407号楼　邮政编码：100124

销售电话：010—67004422　传真：010—87155801

http：//www.c-textilep. com

E-mail：faxing@c-textilep. com

中国纺织出版社天猫旗舰店

官方微博http：//weibo.com/ 2119887771

北京兰星球彩色印刷有限公司印刷　各地新华书店经销

2015年9月第1版　2024年1月第4次印刷

开本：710×1000　1/16 印张：16

字数：187千字　定价：49.80元

凡购本书，如有缺页、倒页、脱页，由本社图书营销中心调换

前 言

2014年5月，清华大学的郭藏燃博士和龙宇博士在学校举办一个以"幸福"为主题的系列讲座，约我做主讲。这是我多年来持续关注的领域，以前在清华和其他高校也陆续讲过，所以我欣然接受。

从2014年10月底到12月初，我们以"清华幸福课"为题进行了五讲系列讲座，课堂上既有清华的师生，也有专程赶来的社会各界人士，数百人济济一堂，专注的精神和热烈的气氛让我非常感动。课程之后，很多朋友提出，希望能够持续地在这个主题上往前走，于是就有了"网络幸福之家"和这本书的出现。"网络幸福之家"在附录里有所介绍。这本书是在讲课稿的基础上整理而成的，沿用了课程的名字，它的语言和内容最大限度地保持了课堂的原貌。

时代在更替，人类在进步。但我们现实感受到的社会表象是急遽变动的，有着种种花样翻新的问题及困扰，这种情况下怎样获得幸福感？我在多年生命成长教育的践行中认识到，只有回归生命，让身心越来越安稳、关系越来越和睦，从而感知和融入即将到来的和谐超越的新时空，在与时俱进、与道偕行中体验真实的幸福。

人们面对生活中的困惑时，往往纠结于困惑本身，陷于就事论事当中。其实困惑只是一个现象和结果，只有回到大背景里才能看到导致困惑的条件、因素，看清其实质，真正使困惑化解、脱落。出于这种思考，本书首先重视确立看待事物的视角。

本书站在生命的立场上看待"幸福"，提出"幸福"不是一个概念，而是"敞开自己，允许一切发生的生命体验"。第一讲给出了人类固有的三类生存模式，是要我们在这种生命的"常态"中，看到阻碍幸福的根源并使之脱落。第二讲回顾了青春期前的生命成长的历程。在这里把人的每个生命成长阶段都看作是对自然演化的全息再现，是一种全然客观的历程。人们能做的只是如实地看到和接受，让生命活出原来应该有的样子，才是真正的幸福。第三讲提出一种生命视角，把宇宙、地球等大自然都看作是如同生命的存在，人的生命与自然生命相互呼应，使人感性地体验无限壮阔的生命形态，在超越中感受幸福。第四讲回到人的关系中，提出“生命的本质是爱”。每个生命都是因“爱”而来、而存在，爱是生命之间“深层次的关注”，爱的发生就是幸福。第五讲回归现实生活，把生命成长要素直接还原到生活、工作、学习当中，建立现实中和网络上的“幸福之家”，在脚踏实地的践行中体验生命的成长。

这本书要静静地读、用心地读，不要求用逻辑思维去理解，而是放到生活点滴中去践行、去体验。

这本小书是笔者多年研究和实践的结果，希望能在你生命成长的道路上与你共勉。

曹丽清

2015年6月

目 录

第一讲

感觉生命的状态——人类固有的生存模式与时空发展

通常我们是这么做的，要“透过现象看本质”，导致谈现象的越谈越乱，谈本质的越谈争议越大。越想解决问题就会制造更多的问题，“问题”像个越滚越大的雪球，承载着人们各种纷争的观念和意识。人们再把这些概念、观念当成标准，作为强调正确性的理由，却忽略着内心正在发生的冲突。

第二讲

认识生命的真相——解译个体生命的发展

你来自亿万父母祖先的遗传，你的生命是一个多么庞大的信息库。你从远古走来，带着地球变迁的所有信息，你的生命是鲜活的地球化石。让我们静静地聆听自己，翻开人类意识进化的新篇章。

第三讲

生命的真正价值——回归更大的整体

生命是平等的，价值却是不同的，其根本取决于你内心所关注的。

第四讲

认识生命的表达——生命的本质是爱

人们总习惯给生命附加一些主观的意义，才觉得生命是有价值的。这恰恰忽略了生命存在的本身价值，把生命当成了达成自己愿望的工具。

第五讲

生命的回归——幸福之家

归属感是人与生俱来的天性，从根源上讲男人秉承着宇宙开放的能量，女人秉承着地球创造的能量。能够圆满地回归这两种能量，就活出了生命的精彩。

请告诉自己：

请你真的在这儿，陪着自己，

用生命度过以下的宝贵时光，把机会留给自己。

请你不要用知识、概念干扰你的体验，留出你感觉的空间。

感觉生命的状态

——人类固有的生存模式与时空发展

核心提示：

通常我们是这么做的，要“透过现象看本质”，导致谈现象的越谈越乱，谈本质的越谈争议越大。越想解决问题就会制造更多的问题，“问题”像个越滚越大的雪球，承载着人们各种纷争的观念和意识。人们再把这些概念、观念当成标准，作为强调正确性的理由，却忽略着内心正在发生的冲突。

第一节 关于幸福

非常高兴看到这么多熟悉的面孔，更高兴有机会能认识在座的新朋友。这样的聚会是非常难得的，因为我们的心开始在一起了，在共同探讨一个真正属于我们自己的话题。像这样走到一起，我们彼此会相互感染。虽然我在就这个话题做中心发言，但深入这个话题是需要大家共同参与和体验的。

在开课之前，我想说明一点，为什么此次课程要分成几个部分来讲呢？因为要把“幸福”说明白不是一两句话就能行的，是真的要拿出时间，认真地进行思考和沉淀；是要通过这个学习过程，引导我们回归到一个整体的背景里面去，形成更大的视角去看待我们的生命。

这就好像一个人，在没有大的背景时，就算有眼睛也看不到东西。我们现在把灯全关掉，有眼睛能看得到吗？看不到了吧？如果所有的东西都没有了，有眼睛会怎么样？大家可以感觉一下，是不是感觉生命也好像在这儿滞涩着？所以，没有大的背景和视角，你看到的东西会是孤立和不全面的，甚至是节外生枝的。

再比如，我现在给你一支笔，你看到的可能就是一支笔。如果再给你一张纸，在你那里发生的就不同了。如果再给你一个题目，你是不是就会知道给你纸和笔要做什么了？所以说没有大的背景和视角，人会卡在那儿，困惑和迷茫是必然的。

我们看待人和事物往往会脱离大背景，以事论事地制造了很多的乱象，想一想，这是不是真正的问题所在呢？

我们总是试图改变自己，结果怎样呢？是不是内心更加纠结冲突？这种不接受的状态，会给我们带来什么呢？静静地感觉一下，这是不是我们的常态？

接下来我们就围绕两个核心：一是引导大家真的感觉到人类一直以来看问题的视角是什么，意识行为的模式对我们现实的制约是什么。二是提出如何了解建立更大的思维背景和视角，使我们不再纠缠于所谓“问题”，如家庭问题、亲子问题、生理问题、心理问题、事业发展问题等。我相信在你得到的那一刻，会心花怒放的。大家愿不愿意呢，期不期待呢？

我们先从对幸福的观察与思考开始。

一、幸福是一种生命绽放的体验

1. 迄今为止你感觉到幸福了吗？

这是一个思考，不是让你去寻找答案。是通过这个思考过程，让我们进入自己的生命历程中，感觉一下人类一直以来追求的幸福到底是什么。

2. 人类为什么孜孜追求着幸福？

追求幸福的同时，内心在发生着什么？请感觉一下：是不是在抗拒着不幸福的感觉和正制造着内心更大的冲突，远离当下的真实？

3. 幸福到底是什么？

幸福是“敞开自己，允许一切发生”的生命绽放体验！

二、看到我们的状态

幸福是人类永恒的话题，若简单地讲讲，它只是表达人的某种向往。若带着思考的话，幸福所涵盖的意义就不那么简单了，它是对生命状态的诠释。

通常人们觉得不幸福是有原因的：要么是自己还不够强大，可能很多能力还不具备；要么是外在的各种条件还欠缺等。这些想法实质上是人类为了生存所留下的意识痕迹，与拥有幸福是南辕北辙的。

今天我们以人类进化的视角和生命成长的角度来共同探讨“幸福”这个生命议题，阐述阻碍人类拥有幸福的固有生存模式，提出“幸福是一种状态，是对生命全然尊重和接纳的状态，是敞开自己允许一切发生的生命体验”。

请仔细感觉一下那种寻找幸福的心态，是不是潜意识在抗拒着不幸福的感觉呢？这种美化了的抗拒心态，必然会使我们生出很多的想法，认为能得到这个就幸福了，或得到那个就幸福了……我们在不自知中，被掩饰或逃离的抗拒感受操控着。

当一个个目标达到时，那种不幸福的感觉就像一个黑洞，吞噬了你所有的努力，并继续吸引着你活进遥遥无期的未来之中。体会一下，这是不是我们的常态呢？这样的生存状态，让我们的生命像一个工具，又有什么幸福可谈呢？

我们经常说心想事成，难道这句话也只能是祝福或愿望吗？

感觉一下，为什么我们不能够心想事成呢？是不是我们对自己不够了解？嘴里喊着想要的，可心里是在抗拒着不要，处于这种表里不一的状态，内心会踏实吗？会有幸福感吗？

以上所说的这些，大家应该都是很熟悉的吧。因为它不专属于哪个人，而是人类在生存繁衍的过程中，已经形成的意识和行为模式。这些生存性的视角和关注点，会使人停留在好恶的感受中，悄然地制造内心的冲突和分裂，压抑了生命更多的感知潜能，活进僵硬的好恶模式里，使生命仅仅处于存活的状态。所以，要想使生命得到绽放，就要看到这些模式的制约。

下面讲一个曾经发生的小故事。有两个七八岁的小男孩在抢一本书，互不相让，带着很大的情绪僵持在那儿，我站在旁边静静地看着，然后问他们："是不是有更好的办法表达自己想要的呢？"当这句话说出来的时候，其中一个孩子的手就停住了。我接着说："你们都是为了看书，那就考虑一下，怎样才能让两个人都看到这本书呢？"那个孩子松开了手。我又接着说："感觉一下，有没有更合适的办法？"拿书的孩子主动站到了另一个孩子旁边，开始和他一起看书。

其实这两个孩子平时都是很倔强的，不容易听进话。他们已经习惯了用争抢的方式来表达自己，当你给出一个新的视角时，他们是非常乐意接受的，在这个过程中他们自然得到了内心成长的满足。其实所谓困惑和被卡的感受，就是那些潜在模式作用的结果。

为什么这样说？就拿这两个小孩抢东西为例，我们可以想一想，是不是人类对这种抢夺的方式习以为常，并一直以各种形式延续着？比如，父母在阻止孩子某种行为的同时并没有给他们一个新的视角，只是让孩子"听我的"，以这种形式延续着抢夺的模式。这种状态一直以来很少被发现。如果我们要获得生命的绽放，就要认识到这些捆绑我们的模式，允许生命有更多的体验。

在现实生活中，会有很多不顺心的事情发生，大多数人都是被动地受其影响，重复着理不清的乱麻心态，只有很少的人能够看清楚、活明白，从中跳脱出来。

这是为什么呢?

通过多年的实践我们认识到，只有回归生命，体会内心的发生，才能看清困扰我们举步不前的固有生存模式，才会活得真实。换句话说，人类今天的意识和行为，秉承着生物进化、动物进化的很多生存模式。它们在帮助人类活下来的同时，又制约着人类意识的升华，遏制了人为万物之灵的灵性，这是人类所有痛苦的根源所在。所以，人类如何超越和突破这些生存模式，活出人类的本然，是人类意识行为进化的大方向。

第二节 阻碍人类幸福的三种生存模式

幸福不是畅想，是刹那间的生命体验。所以本次系列讲座不是一个课程，也不是主张某种观点概念，而是“敞开自己，允许一切发生”的生命旅程。在这个过程中，我们用生命的体验追溯人类意识的进化，认识阻碍幸福的根源。

好，下面来共同认识制约生命成长绽放的三种固有生存模式，即追逐模式、情绪模式、普遍的心理状态。

一、追逐模式

提示一：人们习惯不停地找寻，往往是看不清内心正在发生的排斥，其根源是本能的恐惧所致，活进“怕什么”的状态中。

感觉一下，是不是无论我们做什么，或追求的目标是什么，内心总重复着“想与不想”、“喜欢与不喜欢”、“该与不该”的心理状态。

体会一下，这样一个简单的重复，是不是已经给自己造成很多不快乐了呢？为了满足纠结的心态，是不是会找各种理由说服别人和证明自己是对的呢？这种冲突内耗的心态，必然导致失去行动力，活进僵硬的不知所措的痛苦之中。

可以感觉一下，当我们很在乎自己“想要什么”的时候，往往一直被这种状态牵着走，处于抽离现实的孤独状态，并且中断了很多的关系，但自己是看不到的。

比如说，一个男士在很动情地描述对一个女孩的喜欢时，他却想不到在这份喜欢的里面，是在逃离不喜欢的东西。这种以表达喜欢来掩盖另一个不喜欢的事实往往是难以被发现的，但是这种潜在的排斥心理却起着主导作用，是它决定着未来的结果。

这点是靠自己慢慢地去观察和体会的。只要看到自己真实的排斥状态，就不再简单地重复生物界最初的“避苦求乐”的自我保护模式。这种本能性的心理活动，一直以来死死地操控着人类，使人不能发挥本有的价值和作用，阻碍着我们实现想要达到的愿望。

听课也是如此，如果你潜意识被听得懂、听不懂所牵制，你会听懂了就愿意继续听，听不懂就排斥。本课程的特点重在生命的体验，无论你听得懂听不懂，都不要太刻意。

课堂上我们是一体的，请观察你自己，是不是总想听自己想听的，当没听到时就会烦躁，甚至会听不下去。感知这个发生过程很重要，这一刻内在的震动就开始了，生命的记录也在开始着，慢慢地就能感觉到我在说的是什么。这是一个非常自然的现象，就像在一片田野里面，只要有一朵花儿开了，其他的花儿都会随之绽放。

提示二：你真的知道自己“想要什么”吗？

你真的想了解自己吗？如果想，你一定不会再辩解说明什么，自然地停止所有的原因、理由、争辩……在那一刻的寂静中，你会看到自己。但在现实生活中，我们的做法常常是与此相悖的。通常人们在遇到问题时，会想尽一切办法把责任推给别人，来逃离、掩饰自己真实的状态，重复着固有的旧模式。

你真的懂自己吗？如果懂，你一定不会再抱怨、指责别人的不懂，强调别人的不理解。当遇到挫折和困难时，你自然会给自己和他人留下很大的空间，平静地观察了解。而通常人们是无法观察到自己的不懂，更看不到因此产生的情绪，只会以发泄的方式继续积累压抑更大的情绪。

你真的爱自己吗？如果爱，你一定知道内心在发生着什么，你的生命时刻在表达着什么，你会敞开心扉允许一切的发生。

当我们认识到找寻的模式，它自然就在停止着，这样才能进入“我到底想要什么”的思考状态。此刻，你会发现原来我们不曾认真地想过这个问题。很多人只是带着“想要什么”的心态到处追逐，花了大半生的精力，到头来觉得一切都不是自己想要的。人生短暂，能有多少时间让我们这样去追逐呢？人生到底想要什么？

事实上，一个不了解自己的人，是没有办法真正懂得自己的需要的。这种心灵上的匮乏是任何欲望也无法填补的，任你用怎样的精神鸦片，怎样百折不挠地争取，只能在内心留下更多无力的抱怨、指责、孤独和伤痛，使你远离生命绽放的喜悦。

请大家慢慢地静下来，感觉一下，你爱自己吗？请给自己一个聆听生命倾诉的机会。

你是不是真的给过自己机会，去发现自己“想要什么”，还是不断地强迫自己去认同什么？此刻，你可以轻轻地把两臂放在胸前，静静地体会拥抱自己的感觉。我们总期待这份拥抱是别人给的，却从没有好好地拥抱过自己。

事实上，我们的内在已经期待这个拥抱很久了，只是我们不知道，反倒去外面寻找这份温暖。这种错觉给我们制造了一个无法填补的黑洞，让我们在找寻中失去了快乐。只有真正地学会爱自己，才能感到温暖，并能把这份温暖传递给别人。

提示三：我们是怎么失去自己的?

通常人们所说的“想要的”和“追求的”，只不过是满足他人和社会的认同标准，无论结果是怎样的耀眼，仍是滞留在生存状态的层面。

活在认同的世界里，是以压抑生命为代价的，这种压抑后的情绪正在制造着一个冲突的生命。所以，许多所谓成功人士，他们自己并不觉得幸福。由此说来，如何让“认同”和“欲望”成为绽放生命的助力而不是阻力，就显得尤为重要了。

这里所强调的是活出生命的本然状态，与自我、自私、随心所欲是两回事。

也就是说，当我们学会放下那些所谓追求，就在学会走进自己，爱自己就开始了。当你开始懂自己的时候，自然会知道自己真的想要什么，不再活进认同别人的世界。那一定是有着丰厚体验的生命。

我们有了这样的觉察，就会从那个绑架中跳脱出来，告别追逐模式的困扰。

二、情绪模式

让我们看一看提示。

提示一：情绪状态不是属于个人的，是人类共有的。当你排斥它的时候，就在聚合着更大的滞涩的能量。

情绪模式几乎成为侵占人类正常表达情感的综合状态。它一方面阻碍着人与人之间的交流，另一方面又成了人与人之间的连接和认同方式。彼此在情绪模式的相互影响下形成了新的共鸣能量体，换句话说，现代人的交流模式大多是彼此的情绪认同模式。

我们都有过这样的经验，你原本在平静地说话，有一个人带着情绪搭茬儿，这个过程就在影响着你，可能会出现各种意想不到的结果。由此说来，情绪不专属于哪个个体，而是属于人类共同的意识和行为。由于情绪是情感压抑后的反应，具有难以掌控和容易弥漫的特质，所以认识它是非常必要的。

提示二：压抑的情感会封存在体内成为不可控的能量，在无意识状态中释放，防不胜防，使人感觉无力和沮丧。

事实上，表达人的精神生命，有喜、怒、悲、思、忧、恐、惊七种基本元素，它们的反应变化构成了人类丰富的情感世界和交流基础。

当这份情感表达顺畅时，人们往往表现出心情愉悦、精力充沛，给人的感觉是坦诚、阳光、有力。没有压抑的能量，自然也不会用情绪来释放。

相反，当情感表达受阻时则表现为萎靡消沉、能量滞涩，活进了内心烦闷、精神恍惚、思维混乱、举步维艰、失去行动力的状态。人们会本能地排斥和抗拒这种感受，同时不断地聚合这些压抑的能量，纠缠、黏着于其中，形成阴霾、阻隔的沉闷气氛，并借不顺心的人、事、物为由，发泄、平衡自己难受的状态，像一台被操控的机器。

比如，一个人在很小的时候父母去世了，面对死亡，孩子不知怎样表达这份悲痛的情感，被卡的感受封存在体内，成为滞涩的能量。在他的生命中，就会常常莫名其妙地释放出愤怒的情绪。

在现实生活中，也会发生很多令人费解的事情。比如某个人因为一点小事，甚至一句话就会失控，轻则变脸争吵，重则酿成大祸。人们常常活在精神的雾霾中，相互指责难以自拔。那么，是什么在制造着情绪，并导致情绪的骤然变化呢？从根源上说，是不能正常表达自己的情感所致。

情绪以不可控的能量的方式作用于人与人的关系之中，这种潜在的影响是瞬息万变的，它的升级也会让人始料不及。

我们平时也都有这样的体会吧，明明表达的是这个意思，别人听到的却是那个意思，就此进入了无力的纠缠中。再比如，自己的心情明明挺好的，当你看到某个人，心里就出现了雾霾。我们总想知道这是为什么，越想越会觉得无辜，开始升级为抗拒、抱怨等。

既然情绪是人类生命的一部分，那么，我们如何与它相处呢？大量的事实告诉我们，不是抗拒它，而是认识它；不是控制它，而是接受它；不是改变它，而是看到它。

情绪的表现形式千变万化，难以捕捉，为了让大家了解和看到它，我们把它放回到人的三种状态中（即：本能性的逃离或黏着；调节性的自我安慰；认同、沉溺于困难），因为这是情绪生长的土壤。当我们看到它们，就自然地远离它们，这是认识自己的回归过程。

本能性的逃离或黏着

提示：其实我们每天活得很简单，就是重复：喜欢的往上冲，不喜欢的赶紧逃，同时还要编织一些高尚的理由。

本能性的逃离或黏着是难以被人察觉到的，因为它是保留在人生命中的动物进化的痕迹。人类意识和行为的进化要超越这部分的制约，才能够活出人本有的样子。

我们来看看“逃离”的表现状态。

其一，表现为无视、拖延、麻木、倦怠。

大家对这四个词不陌生吧，观察一下自己，当我们不顺心或压力大的时候，是不是经常处于这几种状态。这种本能性的心理活动是自动化的自我保护机制，它在控制着我们，感觉到了吗？如果不了解这一点，就会在盲目抗拒这种莫名其妙的无力感时，给自己和周边人带来意想不到的伤害。

其二，表现为陶醉、享乐、沉溺。

这是我们对某个目标发生兴趣时的反应，大家熟悉吗？那么，我们经常会对什么发生兴趣呢？电视、手机、网络、游戏、酗酒、熬夜……或者是一些貌似“有意义”的事情。无论外在的事情是怎样的，实际上我们生命的状态都会成为附属于它们的工具。被其牵引会有怎样的后果呢？是不是以破坏家庭关系、影响夫妻感情、荒废学业、倦怠工作、影响人际交往等作为代价呢？

其三，表现为抱怨、暴怒、抗争、拒绝、发泄情绪。

当前两个部分积累到一定程度就会以各种情绪来爆发释放。而内心发生的抗争是想推卸掉属于自己的责任。这个模式让人活进越来越沉重的自暴自弃中。

静心沉思：你经常被卡着难受的地方是什么？

大家可以给自己一个认识自己的机会，带上你的问题，感觉一下经常在哪儿难受，是不是经常在抱怨、冷战，或是沉溺于某种事物？让自己忽略那个难受。任凭你用什么样的方法，它不会凭空消失，仍在生命中悄然地蓄积着，并用各种方式提醒着你。比如：某个地方的疼痛，某个地方的不舒适，或是心还纠缠于某个事情，想起某个人很难受……

此刻，当回到生命中敞开自己，会发生什么呢？

看看会有什么浮现出来？不论浮现出什么样的人或事，你就静静地和它待在一起，体会那个卡着的感受，只有这样直面它，才有可能转化。我们经常不愿意安静下来和自己独处，实质上就是不想碰触这些难受，体会到了吗？

调节性的自我安慰

提示：我们是不是总期待着下一刻，忽略现在发生的事情？

其一，表现为期待、寄托、追求。

这个很熟悉吧，很典型的就是父母要让孩子去完成自己的未尽之事，达不到就给孩子戴顶“你不听话”的帽子。孩子戴顶这样沉重的帽子会很不开心，生命里面没有了父母的祝福，那个期待取代了父母和孩子之间爱的连接。

我们自己活在“期待”中是不容易发现的。比如摔了一个杯子，“啪”地惊了一下，马上会安慰自己说：“没什么，下回注意就行了。”会不会这样呢？这就是让我们在“期待”和“寄托”中不去看发生的事实，因为那会很难受。

曾经发生过这样一件事，有一个三岁的小孩摔了一只碗，随后就大哭起来，我静静地把碎了的碗收拾起来，放在他能经常看到的地方，让他学会接受这个事实。

“摔了一只碗只是摔了一只碗”，如此而已。通常我们会用另一种方法转移，比如用不锈钢碗，摔了一百遍都不会碎，但是孩子对物性的敏感就没有了。像这种转移，里面隐藏着更大的问题。

一个人在“追求”的状态里面，又是什么呢？能够做好眼前的事情吗？而现在大多数人每时每刻都活在追求中，随时在想着下一刻，洗着脸会想上班可能迟到。这个追求的拉扯心态，总让你发生在“那儿”，而不是在“这儿”。总之，期待、寄托、追求的心态，只会发生一个事实，就是——我不在这儿。

其二，表现为依赖和麻痹。

依赖和麻痹，换句话说就是信仰权威。

我所说的信仰权威，是自己不再主动思考，不再真正体验，而是盲从所谓的“权威”。这就等于剥夺了自己的独立性，你不再去发现，只是按照别人告诉你的去做，活在别人对你的要求或自己的认同里面，忽略了自己的亲身体验。大家体会一下，这样的生命状态是不是会很无力呢?

其三，表现为“打鸡血”。

这样的人开始的时候特别振奋，有劲儿，但心里边却埋着一份无力感。而内心有力的人则是活在发生之中。

静心沉思：你习惯用的安慰模式是什么?

看一下自己的那个模式，很难被我们发现吧。我们在与人相处当中是不是经常会抱怨：你都不体会我；你这人怎么不帮我啊；哎呀，认识你这样的人可真够不幸的；怎么这样的冷血啊。这些是不是都是一种依赖？它给我们制造了很多痛苦和不开心。

认同、沉溺于困难

提示：你若真的知道想要什么，就没有困难。

我们经常见到，有的人面对不易克服的障碍会表现出：“唉，命该如此，就这样了吧！”“事情不可改变，我能做什么呢？”“不都这样吗？”这样的人在认同困难的同时，他就成了困难。人们在感受到这种无力时会放大它，说：“这种人真不可救药。”

还有人爱说“爱咋咋地”，尤其是出了大事之后。还有一些人经常盗用一些信仰名词，比如报应、因果、缘分等，把自己实实在在地埋在了名词概念里面，以此来逃避对现实的责任。

比如，有个家长为了孩子的事找到我，听她说完孩子的情况，我说：“你真的准备去面对了吗？”她回答说：“我要不想面对来找你干吗？”我说：“你是来找我帮你解决问题的。我现在问你的是：‘你真的想去面对吗？’”

你听，一样吗？这是你家的事，是要你来面对，怎么会让我给你解决问题呢？！所以，问题是自己的，只有自己去面对。

她一直在数落孩子的过错，这样她就可以不负责任了。当然，情况也不会因此而改变什么。

对于没有真的准备好直面自己的人，任何人都没有办法真正帮助到她。找别人帮忙只是另一种逃离和推卸责任的幌子。

所以我们今天坐到这儿来，不是要带着“学什么”的心态，而是真的“准备好自己”才能够开始。

静心沉思：你习惯说的那个无力的话是什么？

好好静下来，最好把眼睛闭上。今天我们所有让你静下来沉思的内容都很重要，是我们平常很不容易触碰到的尘封死角，当我们真的想看到它，转化就开始了。

感觉一下我们经常说的无力的话是什么？“活该，爱怎么样怎么样！”“你还会怎么样，怎么样我都能承受！”“你对我这样会有好报的！”“哎呀，不要太较真儿了！”“就这样吧，大家都这样……”看到了吗？千万不要再逃，要真真切切地感受到这种无力的对话，这样，你才在解脱中。

通过上面所说的这些，大家看到自己了吗？这不是知识、概念、理论，而是认识自己的连接点，也就是说经常回到这些点上，你就容易看到真实的自己。那时你就不再抗拒，会心悦诚服地对自己说：哦，原来我是这样子的！此刻，你接纳了全人类，你自由了。此刻，你有震撼的感觉吗？

我相信当人类都能够认识到这一点的时候，人类的意识和行为就超越了那些模式。

三、普遍的心理状态

提示：不同的时空释放着不同的气息，它是人们心理活动的基础。

下面我们说的是在不同时空的影响下，人类会存在一种普遍的心理状态，它与时空释放的气息是相吻合的，这一点不以人的意志为转移。

例如，在物质不发达的时期，人们往往还是以怕挨饿的恐惧心态为主导。为了生存下来做出了积极的反应，表现出勤劳、俭朴、有韧性。在具体的方式中，仍不同程度地黏着在动物固有的行为模式中，如争抢、好斗、占有等。

所以说人类的意识、行为、心理与大的时空发展有着密不可分的关联性，在个体生命中烙印着时空大背景的全部信息，并成为人类生命活动的程序。总之，看待人类的意识和行为要还原到更大的背景中。

那么，本时空人们普遍的心理状态是什么呢？归纳起来有三种，分别是抓取心态、抗拒心态、“生事儿”心态。

抓取心态

提示：感觉一下自己，是不是总不踏实，在抓取着什么？

人类已进入了信息时代，所面对的是信息广博、标准繁杂、更新迅速的现实。在这个适应和升级的过程中，集中出现了很多的“问题”和困惑，令人应接不暇，甚至束手无策。人们常常处于应急的状态，失去了身心的平衡和冷静的思考。无论处在哪个阶层，都被浮躁所笼罩。人们在恐惧不安的感受中会本能地抓取，来填补慰藉自己。

这种心态会潜在地给我们的方方面面带来很多麻烦，不是具体的哪些事儿错了，而是我们的这种状态很难受。由此说来，表现在人类身上的种种现象，从根源上讲与时代的气息是相吻合的，这是一种无法抗拒的自然现象。

比如说20世纪60年代、70年代、80年代、90年代的人等，都有各自的特质，在他们的身上都能感受到那个时代的气息。就拿电子产品来说，现在三四岁的小孩都能摆弄得很流畅，而不是这个年代的人，就会显得僵硬。

当我们置身于时空的大背景中看个体的发展，是不是会觉得轻松了很多，这不是哪一个人的错与对。就像在不同的环境和气候中的湖泊，会长出不同的鱼类一样，人也如此，跳不出大环境的影响。当我们了解到这个事实会怎样呢？是不是看待问题的背景宽广了？视角更加贴近所发生的事实了？这部分内容，会在第二讲中详细地阐述。

抗拒心态

提示：感觉到我们总在抗拒，想挣脱着什么了吗？

人们在信息时代快速更新的巨大场域影响下，超负荷的运转使身心失衡和恐慌。这已经成为人们潜在的心理状态。

人的视角和关注点，往往偏移在一些聚焦的问题上，扩大着紧张的心理反应，都不自觉地把自己放进了这个程序。同时，本能地抗拒着这种感受，极力地寻求解决之道。这种盲目地抗拒、寻求、挣扎的心理，又制造着一个更大的困惑，形成莫名其妙的“被困”的感觉。人们就是用这种方式来认同和扩大排斥心理。

就像有个故事所说的，把一个人放进笼子里，和饿极了的狮子在一起，那个人会怎样呢？一定是极度的恐惧和排斥。那他能做什么呢？请大家静静地感觉一下，这种状态我们熟悉吗？

“生事儿”心态

提示：感觉一下我们为什么那么“忙”？因为我们怕静下来与自己独处，自然会生出很多事情，来抗拒这个事实。

通常人们提出的所谓“问题”，究其本质是人的排斥心理所致。

仔细想想，我们为什么觉得它是“问题”呢？界定这个“问题”的标准是什么？仔细体会一下，所谓的“问题”是不是我们不接受，进而排斥的心态反映。如果是以了解和接受的心态去看待，“问题”就不再是问题了，只是综合反映事物发展状态的现象。

如果能够对“问题”静下心来观察，它会告诉你很多盲点。我们只有看到自己更多的盲点，才能看到事物更多的内在联系，顺应“物有本末，事有终始，知所先后”的规律，不再投射人的主观情绪，制造问题。这样，这个世界是不是就更和谐了呢？这不是理想化，而是真正地面对现实。

第三节 生生不息的时空

本时空让人类有如此之多的经历，就是让我们认清一个事实，人类的意识、行为必须升级了。

不知大家是否发现有这样的普遍现象：“人”既是人类种种意识、行为的携带者，又是指手画脚的评论者和解读者。似乎大家都有一个更正确的东西作为自己的依据，却出现了种种隔阂、纷争和冲突的结果。重复这种模式的人多如牛毛，不重复的凤毛麟角，这难道不值得我们思考吗?

综观人类意识、行为的状态，个体矛盾的不断升级和演绎，发展扩大为家族、社会，乃至国与国之间更大的冲突。甚至圣贤们留下来的宝贵经典，也成了后人抓取的“救命稻草”和证明自己是正确的依据，以及攻击他人的武器。人类的意识、行为抽离于生存的大背景和生命发生的真实状态，活进了自圆其说的概念之中。而且这种现象愈演愈烈，造成了更大的混乱。

这种做法只能夸大“自我”的感受，使人本能地寻求自我保护，回避现实。强化的自我占据了所有的视角，让人封存在狭窄的意识层面，看不到更大的生存背景。

其实，人类在进化过程中，一直在寻找一个能够和谐共处的答案，也有极少的人凭着自己坚强的毅力，走出了这种藩篱，成为另辟蹊径的智者。但是从人类整体的进化结果上看，这种影响力是微不足道的。难道就没有一条属于人人能得，个个能成的意识、行为的进化之路吗?

网络时代在发展，很多信息是可以即时同步呈现给我们的。这对人类意识、行为的进化，是不是有新的启示呢？我坚信这是时空发展的新动向。

每个时代都有它特定的气息，像春夏秋冬一样。那么，这个时代的气息又是什么呢？是不是它给予了我们丰厚的物质基础？那么，这个基础会给我们的精神带来什么？常常听人们说，有了钱反倒痛苦了。从现象上看是这样的，而从大背景来看，有钱，是在告诉我们为了生存的阶段结束了。

请大家静静地感觉一下，这是不是意味着那些固有的生存模式也到了脱落的时候了？因为我们不再为吃穿发愁了。能够感觉到时代的这一气息，就会知道那些痛苦是在敦促我们意识和行为的超越，所以，能与时代同频，生命才会是精彩的。

大家感觉一下这个视角是不是很重要呢？当你能够这样去感觉这个时代，所有的经历都会告诉你，这个时代给予你的精神财富是什么。这不是哪一个人的事儿，而是每一个人的事儿。

以上的回顾和总结，目的是了解、认识人类一直以来看问题的视角、思维模式及行为习惯。大家体会一下，前面所说的熟悉吗？我们指出这些，不是带着评价对错好坏的想法，而是体会到它对我们的制约。

一、转换视角，认识机遇

提示：对于时空背景的认识，决定着视角、观念、感觉和意识。这是一切发生转化的源头。

纵观物质文明的高速发展，一方面，极大地满足了人的生存便利和一般的心理需求；另一方面，也触发了人类进化过程中所沉积的深层次的情绪，普遍出现了恐惧、焦虑、抑郁、孤独、躁动、暴力、冲突、狂想等现象。而生命的真相是反映地球生命和人类生命进化的数据库，又是一架精准精确的测试仪。我们只有了解它的储存和制造过程，才能够使生命绽放本有的样子。活进简单粗暴的感受，就是对生命的不尊重，人的痛苦也源于此。

恰恰这些现象的出现，正是人类必须经历和正视的，也是把握由低级意识进化到高级意识的大好时机。享用好人类的“特权”——转换视角，转化感觉，改变观念，提升意识，是人与自己、与社会、与自然达到高度的和谐，迎接人类意识超越的关键所在。

时代发展标志着人类意识的进化，而人类意识进化的过程不是凭空出现的，是由一个巨大的时空背景所推动的。所以，它会给生命的各个领域带来崭新的面貌，如健康、财富、事业、关系、婚恋、亲子等。

它预示着人类的进化又进入了一个崭新的阶段，这恰恰是呼唤“仁者人也”的时代，也是“时运”所致。在过去的时空发展中，每个时代只会孕育出极少的精华人物，正像《老子》和《弟子规》中所说的“受国之垢，是为社稷主；受国不祥，是为天下王”“流俗众，仁者稀；果仁者，人多畏”。而当今互联网时代是整体推进人类意识的共同跨越，这是时空发展的必然。

那么，怎么样才能够转换视角呢？是要回归到人类生存的大背景中，看待发生在人类身上的种种现象，认识到人类进化与地球生命进化的密切关系，以及发生在人类身上的种种现象，是人与自然作用的结果。

人只是自然界的一分子，有着记录、承载、反映自然界演化所有信息的功能，人具备完全开放，精准精确地反映地球生命进化过程的能力，这是一个自然持续的反应过程。换句话说，反映在人类生命中的种种现象，有着太多不可知的因素，我们的生命好像是台放映机，无休止地扩大好恶的体验，就会失去人与自己、人与天地万物同频共振的表达，处于分裂状态。

二、从整体上认识人类的生命

提示：人的一生虽然短暂，但全息演绎了人类生命和地球生命的进化过程。这个事实是可以透过每个人的生命成长过程观察到的。

一旦你拥有这个视角，根本性的转化就开始了。你会惊喜地发现，你不再那么难以接受和总想改变自己，自然化解冲突的心态和分离感，真正地拥抱自己。

人类的形成标志着地球生命的成熟。

地球存在已经50亿年。在这漫长的岁月中，依次孕育形成了有形无知的水土山石等无机物、有形有知的花草树木等植物、有形有知有识的飞禽走兽等动物，最后成就了有形有知有识有灵的人类。

人类生命是地球生命的全息载体，它呈现了地球孕育人类的各种条件和生成过程。如古人所讲："人为万物之灵，与天地齐位，故位列三才。"人之"灵"在于人与地球生命有着对应的关系。在人的内在系统中天然地认同着人类是地球的一部分。人类内在有着这份整体性的内外觉察，这即是思维的本质。它可以感知外在的事物，又可以感知内在的心理反应。这是一个深刻的生命体验，它激发了人的表达愿望，触动了语言功能的发展和文字的出现，使人类从生物进化过程走向了意识进化。语言文字的表达和记录促进了思维的持续发展。

时空发展决定了每一个时代的特征，而人类又是时代的产物。由此说来，人的种种观念意识也就烙印着时空的发展，这不是以人的意志为转移的。所以，孤立地看待反映在人身上的种种现象，就会陷入痛苦的旋涡。

只要跳出“人本”的视角，回归宇宙自然的本体意识之中，就会自然地敞开生命，体验着一切的发生，尊重着一切的存在。人类意识的这一进化，是地球生命成熟的标志。这也是我们为自己欢呼的时刻。

本讲小结

这里所阐述的“回归人类生存大背景”的视角，即是引领回归生命的港湾，看清人是如何强化“自我”、违逆自然整体的。

人的痛苦是撕裂了内在整体的感觉，造成了排斥的心理反应。这种状态必然纠缠于不如意的种种现象，以挑剔或不接受的心态制造更大的问题来满足“自我”，沦陷在纠结困惑的痛苦之中。所以，人只有以开放的心态回归更大的整体状态，才能允许一切的发生，才能汲取无穷无尽的能量，滋养并绽放着生命。

认识生命的真相

——解译个体生命的发展

核心提示：

当你了解了人的生成过程和背景，当你知道了你是来自85.8993459亿父母的遗传，请你静静地感觉一下，你的生命是一个多么庞大的信息库，它记录了地球的变迁、生物的进化和人类的出现。你是从远古走来，带着地球变迁的所有信息，你的生命是鲜活的地球化石。让我们静静地聆听自己，翻开人类意识进化的新篇章。

从整体上讲，反映在人身上的种种现象，是地球进化、人类整体进化和个体生命遗传的总和。这是一个以信息为主导的强大的能量系统，不是人主观意识能够操纵的。

从具体上讲，反映在人身上的种种差异，是人类进化中某个阶段的差异。换句话说，在不同的时空、环境中，反映到人的状态是不同的。盲目地排斥和接受是于事无补的。要想如实地解读人的意识和行为，必须还原到个体生命生成的储存过程中，这是人类对自己基本的尊重。

第一节 你为什么做不了自己的主人

非常高兴今天又有很多新的朋友！欢迎大家参与本次研讨。

这次学习的不是理论和概念，而是带着每一个人回到生命成长的积累和生长的储存过程当中。在我们生命中所有发生过的，在身体当中都储存着。此刻大家可以把以往的知识和概念放下，让我们有机会敞开自己，回到体验当中。

当你体验到生命是那样地走过时，当你真正地感觉到生命是那样的状态时，就不再抗拒眼前所发生的了。有了这样的体验，无论未来发生什么事情，你的回归、你的记忆都会被打开。你不再困惑，而是真正地接受、经历所发生的事情。这才是真正见证自己的成长，而不是被某个记忆所控制。这是不是大家所需要的呢？

上一讲我们系统地揭示了人类固有的生存模式对心理产生的种种影响，阐述了出现“问题”的必然性，提出了以回归生存大背景的视角来看待所发生的种种乱象，会使人不再重复解决问题、纠缠问题、制造问题的思维模式，突破“人本”的视角，回归宇宙“自然本体”的意识之中，促进人类意识的根本性转化。

我们每个人的苦乐，常常认为是自己的。通过学习会了解到，从我们这一代起上数33代，所有的直系父母总数是85亿之多。我们出现任何问题，都在纠结“我怎么会是这样”，当你了解到原来这么多的父母都和你有承继的关系，你还那样在意现在在做什么吗？

换句话说，我们都有过这种感觉，我想这样做，但是偏偏有股力量拉着我那样做。很多时候这种力量你没办法抗拒，这是一个非常现实的状态。是不是用自己微薄的力量就可以与之抗衡呢？人类在面对自己的时候出口到底在哪里？我们在这样的大背景里去看的话会清晰很多。

走进生命是要有个流程的。从整体上要有看待生命的大背景和视角，具体的又要有认识自己的途径和方法，这两点是进入自己生命的入手点。下面我们先进入关于困惑的观察和思考，体会一下这是不是困扰我们的常态。

一、关于困惑：我怎么了

1. 为什么我做不了自己的主人？

在现实生活中，常常出现这样的现象：自己的愿望是这样，也很为之努力，但出现的结果却事与愿违。我们总想弄清这是为什么，而答案要么是百思不得其解，要么是沮丧和抱怨。

2. 当你遇到困惑的时候，反应是什么？

是不是急于寻找一个成立或否定的答案，让自己快速离开那个困惑的状态？

是不是或寻找各种原因理由，或抱怨、发泄情绪，或沉溺于这个状态搞一些自我分析等，借此来逃离困惑？

是不是索性把困惑扔到一边儿，明天的太阳还是亮的？

3. 什么是困惑？

困惑与外在的人、事、物无关，困惑是分离感的反应状态，是失去了整体思维的大背景。

二、如实发生，全然接纳自己的样子

提示一：人们为什么常常感觉孤单，或不被人理解？

请对自己进行观察：你在哪？你在乎自己吗？自己每天都在表达，你听到了吗？

感觉一下：你是如何对待自己的？

你总觉得别人不理解自己，自己很孤单，而事实是，你真的感觉过自己吗？自己在用各种方式表达着内心的需求，或是表达着自己生命当中真实的发生，可是你接收到这个表达了吗？如果不是，为什么接收不到呢？

提示二：人人都渴望自信，但自信是基于对自己的了解，而了解是带有整体性的。若对自己不了解，怎么会有自信呢？

请对自己进行观察：我是怎么了解自己的？是凭借外在的评价，是听由自己的记忆或经验，还是依照知识概念的框定？

感觉一下：这些方式真的能了解自己吗？

自信是对自己的承认和完全的接纳以及如实的表达。

当承认自己就是这个样子，是不是就停止了抗争，放下了那些评判好坏的道德标准，坦然地面对所发生的一切，此刻你会感觉到自由了吧！

当完全接纳自己就是这样子，是不是停止了内心的评判，看到了自己的纠结和无休止的消耗。此刻，你会感觉到轻松了吧！

当如实表达自己了，内心停止了认同和遮掩，那一刻，是不是感受到了内在源源不断升起的能量，那才是自己！

这就好比有一桶水，只要能给自己一个感觉的机会，就会知道能不能提动这桶水。那一刻不需要选择，那桶水自然会在它该在的地方，那是你允许感觉自己的结果。如果失去了对自己的这份感觉，就会不知所措，而以选择或找依据为名，失去行动力，还谈什么自信。

有的人用各种方法来培养自信，可能也会达到一些自己想要的状态，但从生命整体来讲，会让人感觉造作、不灵动，因为他没有承认自己。由此说来，对自己的了解是有整体性的背景的。比如说，我现在对所有的人都比较了解，我就会有自信，交往的时候就不会有障碍；如果我对大家不了解，和大家交往会有障碍，最好不要问我问题，我赶紧讲课，讲完课以后赶紧走，是这样吧！我所说的这些不是用来理解的概念，是引导大家体会生命要活出来的状态。

所以说这才是困惑的核心。只要失去对自己的认识，就会困惑。那么，我们怎么了解自己呢？

关于外在的评价。比如，有人说："你长得好漂亮啊！"听到这话是不是你心里会美美的？因为你认同了自己是漂亮的。或有人说："你长得不漂亮。"你应该不会高兴吧？其实，你也在认同着这种说法，哦！原来我不漂亮。大家体会一下，在这种状态下，我们是不是完全忘了自己的真实状态，活进了别人的评价中，这样能了解自己吗？

关于自己的记忆。比如，有件事你曾经做得很顺手，可是改天再去做又觉得不顺当了，人往往就会抱怨：为什么会这样？这样就很难发现那件事背后许多变化的条件，就像同一条河，你看着好像永远是同样的水，但是每一滴水都没有重新流过。人们往往把记忆和经验当成了自己，当记忆和经验不起作用时，人们习惯的抓手就没了，就会陷入迷茫、困惑和痛苦中。

关于学习的知识和概念。经常有人对我说："心理学的书我看了不少，在这方面我很注意积累。"也有人说："我对传统文化和一些宗教文化很感兴趣，也修学了很长时间，平时觉得自己挺好的，可是一旦面对自己出现的状况时就用不上了。为什么这些道理我都认可，却帮不上我？"

这的确是一个普遍存在的现象。因为各种文化，包括知识概念，都是不同时期沉淀下来的社会共识和个人经验的总结。它不会因为我们理解或认同就成为我们的。如果只是听听觉得有道理，说说觉得挺高雅，它只会在这个层面满足我们。

在现实中有很多事情的发生，那里面很多的因素都是动态变化的。我们只有顺应了那个变化，才能真实地体会到它存在的状态。盲目套用一些真理性的文辞概念，肯定是行不通的，甚至常常是滞涩和僵硬的，因为它不是你。无论什么样的真理，都要靠你的生命去体验。所以，我们常常把自己埋在所学的知识和概念中，以理解和认同的方式把自己当成了这些正确性、真理性的代表。“乐”在其中，苦在其中，不能自拔。

提示三：我们为什么恐惧或排斥痛苦?

这是因为我们活进了感受的记忆里，忘记了体验真实的发生是什么。

其实，这个提示比较容易懂。比如小孩，被什么烫过一次以后就不敢再摸那个东西了，他一辈子都觉着那个是“烫”的。其实，那个温度不会永远一样，你的承受力也不一样，可能那次被烫的时候只能承受40℃，现在已经能够承受45℃了，却还认为“那个烫”。我们的恐惧就是来自于对未知的不了解。如果生命不活进真实，恐惧会永远在那里。

烫的感受很少有人真实体验过，包括那些严重的烫伤者，遗留下来的伤痕，其实也是恐惧烫伤的心理作品。因为在那个被烫的身体记忆过程中，往往是怕烫的心理占据了全部。当我们对烫有排斥的时候，是不会真正体验到烫的如实感受的。所以说，在座的大家是不是真的体验过“烫”？这是一个你真正体验后才能够回答的问题。那一刻，你会说原来“烫”是这样的，以前我所知道的“烫”原来只是个形容词啊。

这里的意思不是让大家去冒险，而是说“烫”的过程是身体完全体验到烫的动态反应的过程，并不是被惊吓的状态。由此说来，人类的意识从很大程度上讲仍滞留在生存的状态中，一切潜能仍封存在感官之下。只有人类意识到，生命是一部演绎个人与宇宙、地球及祖先关系的四维大片时，人类的生命状态才会有根本性的转化，固化的自我才会随之脱落。

第二节 个体生命发展的印迹

人类个体生命发展的规律性，演绎了人类生命和地球生命的进化过程，所以反映在人生命发展中的种种现象，是对进化过程最真实的解读。只有站在自然界更大的背景视角上看待个体的发展，才会多一份观察，多一份了解，多一份尊重，多一份真诚，多一份接受。这才是真爱——爱生命的本然！

大家能体会到这里在说什么吗？就是说人的生命，是整个地球不断进化的结果。人的生命携带着整个地球进化过程的全部信息，其中包括生物的进化，以及人类的遗传。

就像上面提到的那个计算结果，从我们到前面的33代，那些父母就有85亿之多。这么多的生命，他们真实活过的喜怒哀乐，不会凭空消亡，都会以信息的形式储存在体内，并以遗传的形式传递给下一代。

我们是不是都有过这样的经验，对某些人会莫名其妙地有熟悉感，或对某些事能够无师自通，或对什么东西似曾相识，或让自己总有一种表达不清的感觉。总之，我们生下来就会笑会哭，有很多的表情，伴随着成长，又会有不同的性格、情绪。这一切，都是人原本拥有的功能，不是我们训练出来的。这就是说，生命只是遵循着强大的内存演绎着而已。

可是当我们面对一些具体问题时，常常觉得这个问题是自己的。如此强大的能量、遗传在那里，你却说：“这是我自己的，我去解决这个问题。”你觉得你能做到吗？从人类产生到今天，我们会发现这样一个事实：最初的时候，人类与地球、与自然是非常和谐的，人潜在的能力都在展现着，而发展到今天，人类的潜在能力包括有些基本生存能力，都已经退化了。所以，靠我们这个生命与那个庞大的能量系统去抗衡，结果会怎样？只会越来越痛苦。

由于人忘记了这个大背景与人的生成关系，执着于感官享乐，压抑封闭了生命数据库的作用，当面对一些具体问题时，就会觉得又是自己哪儿错了，或是别人不对了，这样被拖进具体的事情中必然会感到困惑。如果带上人生成的大背景，你的视角会开阔很多，会自然停止在具体事儿上的纠缠。

我们都想爱，但是很多东西却很难接受。为什么不能接受？因为不了解。一旦你真的了解了那个属于你的生命。在那里你可以去认真地体会、解读，会真正了解人类是怎样进化的，社会是怎样发展的，地球的进化过程都是什么。

科技的发展在这个方面作出了很大贡献。比如，现在可以看到子宫里边的胎儿，在过去是不可想象的。但它毕竟是机器，它可以反映出现象，但是无法代替感受和体验。可是在我们的生命里，就能够感受到，只是我们过去的方向都是在向外面找。通过仪器可以看到胎儿在子宫里边玩儿，但是小孩在那里实实在在做了些什么，是需要用我们的生命去体验的，因为我们的生命也从那走过。了解了这个方向，我们可以从自己的生命打开这一页，这才是真正地对人了解。所以现在无论发生什么事情，都是在提醒我们如何找正认识自己的方向，只要方向不偏离，后面的发生都是自然的。比如说去首都机场，只要你方向别偏离，一切发生都是自然的，你开车去，或是坐地铁去，都是一个自然的真实发生。所以，方向一定要清楚。

一、孕育了“感觉能力”的胎儿时期

提示：在个体生命的发展规律中，同时体现着重复地球生命和人类生命的进化。从人生的整体上讲，胎儿阶段输入的程序（看待事物的态度、心态、情绪等），将决定人生发展的70%左右。到青春期，基本上已决定了人生的发展。所以对自己要有一个清晰认识的方向，才不会被困住，这种了解是转化的基础。

有人说，胎儿阶段为什么占到70%？我们都知道，制造一个产品先要在头脑里进行设计，然后再按照这个设计去设置，最后才实施具体的制造过程。

胎儿在母腹中的10个月，是默默地记录母亲及环境反应变化的过程，在这个承接过程中设置了自己的生命。它会形成未来看待事物的态度、心态、情绪等，这就是所谓“胎教”。这一部分很重要，比如为什么看那个人喜欢，看这个人就讨厌呢？通过学习慢慢就清楚了。过去要瞅着那个人想发火，甚至还被他的情绪带进去，会生气，了解了这个内容，今后你会开放地看一个人。无论他的生命成长是什么样子，身体是什么样子，你都会给他一个非常宽松的环境、一个很大的心理场域接纳他。

人们常常被某种说不清的感觉影响着，并总想为其寻找个答案才感觉踏实，其实这与胎儿时期生长的设置有关。自然界设置了人的精神生命，包括生化节律和喜怒哀乐的情感，生身父母设置了人的肉体生命。

胎儿时期是个体生命发展的最重要时期：胎儿生理存在的形式是自然造化的结果，他演绎了自然界从海洋生物到陆地动物，直到人类出现的进化过程，而且保留着进化过程中的种种动物本能。

胎儿的心理方面，主要是以感觉来储存父母的身心状况，尤其是母亲的各种心理反应。古人把这个设置过程称为“命”。

胎儿就像一个成人坐在一个没有光线的屋子里，是以完全开放的感觉系统与地球生命和母亲生命进行能量的汲取和交换。这部分能量形成了人的无意识和潜意识，是生命意识和行为的根源，也是心理活动围绕的基础。

由此说来，胎儿既和地球生命有着整体对应性的连接，也与父母是一体的。所以真正的“胎教”是父母身心的健康和愉悦，尤其是母亲的乐纳心态。

古人有一句话“认命吧，命该如此”，把不知道的、不了解的、困惑的都归结为“命”。可见人类一直以来都认为，任何事物都不是孤立而生的，都有着渊源和基础。那么人类的意识要真正得到提升和进化，是不是该回到造“命”这个层面去解读？在这个方向上，已经有很多人在努力着。

我们有时候随口说出一些事情根本不过脑子，那些东西是什么时候储存到你身体里去的呢？那个东西对你的生命到底起了多大作用呢？为什么我们脑子想干的事情偏偏干不成；不想干的事，就得让你摊上？

我们在这方面做了很多的观察。比如平常比较任性、排斥性比较强的人，与脾气性格温和、排他性比较弱的人相比，怀孕之后的各种反应都会更为明显。

胎儿是个什么状态呢？就像一个成人关在完全没有光线的屋子里边，但是外在所发生的他都能感觉到。比如说，刚刚怀孕时，准妈妈或准爸爸说“还没准备好他就来了”此类的话，这些虽然是父母的心理活动，但胎儿都知道，因为胎儿没有分别，和一切是一体的。尤其是准妈妈所有的反应都会在胎儿生命里留下印记，成为无意识和潜意识。再强调一点，父母如果对自己的孩子第一念是讨厌，或是觉得他来得不是时候等，这个孩子长大后就会常常伴随着不顺畅的感觉。大家可以带着这个观察点去走访那些母亲，你会发现的确如此。

还有的人在怀孕的时候有要男孩或女孩的强烈愿望，一旦不符合妈妈的愿望，孩子会潜在地不承认自己的性别或身份，长大后有可能形成女孩非要打扮成男孩的样子，或者男孩非要像个女孩的样子的情况。还有的孩子不接受自己，总觉得自己应该那样而不是这样，做什么事情都拧巴着。父母在孩子生命之初的这一念，对孩子的影响却是终身的。

请带上你的感觉，进入那个没有光线、温暖柔软的空间，体会胎儿在水里失重的感觉，我们是不是对这种感觉并不陌生，这种感觉是不是很轻松和享受呢?

请大家带着那一份感觉，先感觉你自己坐在这儿。你只去感觉，你在这坐着，进而可以感觉你是怎样坐着，慢慢地可以感觉一下周边的环境，再慢慢地感觉更大的空间。慢慢地继续扩大，好像你就是一个宇宙，你就是一切的存在，你和所有的都在一起。

好，慢慢地回来，回到你身体之中。

感觉一下，胎儿是不是干了一件很大的事情？他好像没有用眼睛看，但是一切又都知道。胎儿就干了一件事，去感觉所有的存在，而且那个感觉非常细腻、敏感。胎儿没有障碍，和妈妈爸爸，和整个的社会、天地、自然是一体的。小孩都是独一无二的，比如秋天生的孩子和冬天生的孩子都有不同的特点，这与胎儿的感觉和所接受的能量有关系。

当你闭上眼睛会比睁着眼睛感觉到更多，更没有障碍。当一个人失去了感觉，你会觉得这个人很木讷，他可能具体的事做得挺好，但是和他交流起来会比较难受。所以，感觉是什么？感觉就是心，感觉就是对一切事物的敏感，在感觉中，一切是没有障碍的。有了感觉，彼此才能在一起。

在胎里的小孩是没有区别的，孩子刚出生时，反应也基本一样。可是等到未来20年、30年之后，他们完全不同了。早期阶段为什么是一样的呢？因为他们都用感觉活着，所以差别很小。长大后活进了感官里，进而活进了感官所感受到的世界里，所谓的差别就是这样形成的。当我们葆有这份感觉的时候，彼此之间的默契就在；一旦那个感觉没有了，活进感官和感受里，彼此之间变成了纷争。只有活在感觉里边，你真实感觉到对方，生命才是厚重的。

大家有没有过这样的经验：一个善解人意的人，他不一定有很强的能力，而是有着非常细腻的感觉，那份感觉会营造一个和谐场域，并创造出有序的环境，产生巨大的凝聚力。

所以，希望大家经常在感觉当中，如同胎儿一样，没有障碍地汲取营养。和自己待在一起，进而可以感觉更大的整体。比如要去做事情的时候，先回到生命里边静静地感觉一下自己，让身体给你最恰当的回应。

二、感官开始作用的婴儿时期（0~1岁）

提示：为什么有些人会反应迟钝、身体不协调，乃至深度紧张压抑？其实这些都反映着婴儿时期的真实状态。

婴儿时期从生理上讲，是以感官发展为主体。感官在外环境的作用下，得到全面的发展。生命的体验是统一的，所看到的就是看到的，听到的就是听到的，感受到的就是感受到的。这些感官的发展将成为认知事物的能力。人生中很多能力的基础，源于婴儿阶段的感官发展。

从心理上讲，是本能地感觉外环境，对周边的种种气息都非常敏感。如气候、声音、周边人的情绪，都会成为孩子的无意识和潜意识能量。

这个阶段演绎了人类诞生初期，人与自然高度和谐的过程，也是大自然设置人类的过程，这个程序是人类无法改变的。

大家有没有这样的感觉：有时候早上一起来，突然莫名其妙地不高兴。我们总习惯给这个不高兴找个理由，起个名字，说明为什么不高兴。而事实上那个不高兴还在那儿，因为我们正在认同它的存在。从来没有人告诉你，这个不高兴不是你的。那只是一个身体记忆的延续。如果你知道了这个现象是生命曾发生过的事实，这个不高兴来了，你还会觉得是自己的吗？这只是一个重复和再现。

比如在你很小的时候，尤其在1岁之内，小孩和妈妈完全是一体的。有一天你妈妈非常难过，妈妈所有的情绪就成了你的。因为在那个时候，小孩和世界是完全一体的，没有彼此之间的区分，这个阶段的婴儿就是眼睛看、耳朵听、手触摸、鼻子嗅。刚一出生，他看东西是灰灰一片，三个月以后看东西才有立体、有边缘的感觉，能看到有颜色的世界。

三个月之内，婴儿听力很敏感，仍以感觉能力为主导。我们都觉得一出生的婴儿在睡觉，事实上婴儿是似睡非睡，当他觉得安全了就在睡觉，当他觉得不安全了就会不踏实，甚至哭闹。婴儿睡着和没睡着是一样的，他的感觉系统一直都在。什么时候感觉系统开始退化了呢？从三个月视觉功能开始发展的时候，感觉系统就开始弱化，感官系统开始发展，从完全一体化的状态开始分离。

这个阶段的心理特点，一是以吃喝拉撒睡的本能需求为心理活动的基础，二是以感官发展促进心理活动的发展。这时候我们能做的是了解感官发展的规律，给予感官发展需要的条件和祥和舒适的外环境，以及父母的耐心陪伴，使孩子储存在感觉系统之中的都是美好的气息和印象，配合孩子的成长。

婴儿阶段是在吃喝拉撒睡的本能需求中得到生命的全面发展，在每一个需求的回应中，激发生命内在的潜能和对外在世界的认知。母亲对孩子的回应态度，就是孩子对这个世界的认知基础，所以说母亲的回应态度和方法不仅仅是简单地满足婴儿的生理和心理需求。比如，婴儿要吃或要睡的时候，妈妈回应的态度是耐心、细致、温和，还是嫌烦、着急、粗重，都会完全地刻录在孩子的身心当中，成为他长大后的生命状态。

曾有一个家长对我说："你说得太对了，我要早知道就好了。我的孩子现在已经三岁多了，在她四五个月的时候晚上经常哭，老人说这是'夜哭郎'，我就更加紧张无助。直到现在我还经常指责孩子懒惰，知道了这些事实，我的心自然就开了，能够感觉到我的孩子了，能够体会到她的无力了。对待她的态度也变了，孩子也说妈妈变了。"

1岁的婴儿在感官发展的过程中身体的各个部位开始苏醒，这时候手开始活动，身体开始扭动，开始爬、站、走。虽然我们对这个过程没有意识上的记忆，但在身体上的记忆却真实保留着。如果感官发展受阻，长大以后孩子就会出现肢体不协调、反应不敏感、呆板迟钝等状况。

了解了这些，你就会感觉到孩子，不会主观地剥夺他，会给婴儿创造一些感官发展的条件。比如，在婴儿期间常放背景音乐，一方面，美好的音乐会屏蔽掉噪音，使婴儿身心安稳；另一方面，敏感的听力其本身就在连接着人的感觉和直觉力。这样的孩子在看待问题时会更加立体直观，综合反应能力更强。希望未来妈妈们能够重视这些。

再强调一些具体的方法，在每个时间段运用不同的音乐为背景，以孩子的吃、睡和各种活动为切换点，在不同音乐的变化下使孩子自然地感知场景变换，该做什么孩子会自自然然地主动去做。

我们能做的是认识和遵循这个程序，让行为符合生命生长的节律，针对不同阶段的感官、肢体发展营造相应的环境条件。观察孩子的生长需要，而不是主观想象。

现在很多人不知道怎么带孩子，根本问题是感觉不到孩子的需要，不能如实解读孩子的哭闹。如果了解了孩子生长节律的大背景，对待孩子就会轻松很多。依循生长规律，胎儿时期要以配合听觉发展为主；出生三个月之后配合视觉发育为主；四五个月，配合味觉和嗅觉的发育，给一些适当的食物，同时配合孩子肢体的发展，开始让身体翻一翻、挪一挪、坐一坐；八个月爬一爬，九个月站一站。小孩的愉悦是最好的说明，带得好的小孩，不哭不闹，一见人就笑。

请你与你的感觉在一起：体验看到就是看到，听到就是听到，人与物一体的感觉。

大家能够跟着进行每一个体验，接下来会告诉你，它在现实生活当中是怎样影响着你的。从怀孕到出生，所有你经历的东西都对你的现在产生着非常重要的影响。但是我们区分不了这个影响，就活进这个影响里。所以你很想让自己不这样却做不到，因为你不知道你在那里面活着。

后面的课程都会有这样体验，不断地恢复你的感觉系统。想想1岁之内的小孩眼球好像不会转，是顾不得转，所以他看到的就是看到，听到就是听到，完全是一体的。大家是不是已经忘了这样看东西了？我们想想，小孩为什么那么招人喜欢，就是因为他看到的就是看到，听到的就是听到。我们现在是看到了之后，就会一石激起千层浪，罗列一堆的记忆经验，远离真正的发生，看到如同看不到。

三、活在“回应”里的婴幼儿期（1~1.5岁）

提示：这是生命的专注、感知、觉知能力第一次整合性的发展阶

段，是透过感官肢体与外在事物相互作用，促进了大脑的回应，使身心产生巨大的愉悦感。如果这个阶段发展不顺畅，就会出现缺乏感知、觉知、专注的能力，思维不活跃，语言表达不清晰，以及不独立。

在思维方面，感官与外环境的作用，使婴幼儿从“看到就是看到，听到就是听到”的一体中，积累了整体性的生命经验。那是人类生命最神圣美妙的体验阶段，因为婴幼儿的每个行为举动与大脑都发生了密切的相互回应。这个回应过程激活了人类特有的觉知、觉察的潜能，储存了一种高度集中的生命体验品质，是人类形成人格独立的重要过程。

1~1.5岁是个特殊而重要的阶段，孩子在0~1岁感官发展的基础上，进入了感官综合协调发展阶段。从生理方面讲，这个阶段的孩子模仿能力特别强，肢体协调发展很快，展示着感官之间深层次的统合，同时语言出现。在心理方面，这个阶段，一方面是感知觉的快速发展；另一方面是在本能地维护着“一体感”的美妙体验。这是一个既主动又安全的感觉。这是人类最真实、最快乐的阶段，因为是真正活在自己的生命当中。

在这半年中，孩子从“看到就是看到”的完全一体的生命经验中，渐渐能够从浑然一体中分辨出自己，在感官、肢体参与的各种活动中，专注于感知觉知自己生命的微细体验，孩子会全然沉浸在“与自己在一起”的生命状态中，同时激活大脑，大脑的回应会使孩子非常地喜悦。

如果这个阶段能够尊重孩子完整地经验事物，在他的生命中就会刻录下专注、细腻、沉稳、独立的品质。思维能力、语言表达能力、判断能力等各种能力在这时可以奠定。

比如1岁之内的小孩手里拿着东西，你从他的手里拿过来，再换个别的东西给他，他会一样地继续拿着玩。但是到了一岁半，他拿东西是在锻炼自己，他自己的身体是和这个东西有回应的。比如拿一支花，1岁小孩他和花是一体的，你拿其他东西换，小孩不会和你争执。1~1.5岁的小孩，他拿东西的时候会有一个大脑回应，他会感觉“这是什么”；动的过程中，会感觉手在怎么样动作，比如他拿筷子好像在乱搅和，其实是在感知着手上的动作。大家可以按照这里所说的去观察孩子，只是观察，不夹杂任何想法，那一刻你一定会被感染，因为那一刻你真正看到了孩子。

今天我看到一个2岁多的小孩，搬着一个凳子放到另一个凳子上面，再晃一晃，看看它不动了，他再上去。这个小孩在一岁半的阶段被剥夺的就比较少。但一般的小孩，在这最关键的半年时间，被剥夺的是比较多的。比如小孩正拿着一个东西，我们不去观察孩子在干什么，就从他手里拿走了。3岁之内的小孩还能够看到很多他用东西来锻炼自己的过程，在3岁以后，就基本看不到了。如果能够保持好的话，一般到10岁才停止，极少数人可以持续一生。

如果我们懂得了这个阶段的重要性和发展特点，就会使生命重新活出有回应的状态。什么是有回应的状态？是对任何东西都能同时和它发生，知道它那儿发生什么和我这儿发生什么，这个生命会显得非常灵动，体验也是很美妙的。

我们通常看到的一些惯性做法，比如走路踢踢踏踏，东西丢三落四，对人爱搭不理等，这时大脑是不回应的。人活在这样一个平面的惯性里不会快乐，因为大脑在回应过程中会产生一种分泌物，我们的喜悦是来自大脑分泌物。如果一个人可以在每一个物体或者境遇当中，都能感觉那个东西是什么，比如走路时感知着自己在走，这就在回应，是真正活着的状态。

为什么这个阶段是人格独立的过程？这个阶段已经过去了怎么办？只要是让你知道的一定就是你的，会有办法。让大脑回应你，当你拿到东西的时候，你要知道你在拿到；说话的时候，知道你在说什么。就这一点，知道有多大效果吗？有一次我们为一些企业老板的孩子做夏令营，他们到来时正赶上中午吃饭，可能觉得终于没人管了，就互相打闹，把馒头、菜扔得乱七八糟。我就看着他们，觉得差不多了，我说："我知道我在看什么，我知道我在听什么，此刻我知道我在说什么。"我这三句话出去，孩子们差不多就都坐好了，因为他知道了，他的大脑已经开始回应了。

大家体验一下这句话，"我知道我在干什么，我知道我在听什么，我知道我在说什么，我知道我的表情是什么，我知道我的手在哪儿，我知道我的腿在怎么样待着"，开始有回应了吗？因为我们曾经有过生命的这段经历，只是把它遗忘了，现在再把它请回来。

四、开始活进"记忆"的幼儿期（1.5~3岁）

提示：由于孩子们有了感受性的经验记忆，这促使他去寻找感受好的东西，回避感受不好的东西，不再去真实地体验事物。人类就这样开始活进记忆的错觉当中。

1.5~3岁，记忆功能开始活跃，而记忆只是以信息的形式储存着的感受，并不是大脑对真实发生的当下回应，由此带来了主客颠倒的错觉。孩子往往活进记忆的错觉之中信以为真，压抑了大脑的回应。对真实的体验越来越少，大脑的分泌物也会随之减少，这样的错觉过程是以减少喜悦为代价的。分离感产生，"自我"开始形成。

这个阶段演绎了人与自然出现"裂痕"的阶段。人类为了满足自己的需求，开始向大自然索取。在孩子身上表现出既依赖又任性的心理特征和行为特征。父母往往不能正确解读孩子的一些行为和心理活动，所以出现了盲目的顺从或盲目的强制，彼此内心也出现了裂痕。

这是心理快速发展的阶段。由于感知觉的发展和认知能力的提高，婴幼儿对主客体的分辨能力出现，同时分离感出现，“自我”形成，由此导致了心理不安全的状态，他们开始寻找得到安慰的目标。比如女孩喜欢娃娃、毛绒玩具，男孩喜欢一些动感性较强的玩具，尤其是对父母的依恋加重。

在生命成长历程中，1.5~3岁这个阶段，生命体验的积累使记忆功能开始活跃，大脑的回应慢慢地减弱，而活到了记忆里面。比如拿一个热水杯子，第一次被烫着了，这是大脑对当下发生的直接回应。有了被烫的经验以后，再见到杯子，就不会去碰了，由此不再真实地经验事物，造成越来越明显的与现实的分离感，人的自我开始形成。

所以这个阶段的小孩你从他手里拿东西，他会哭着喊着必须要回他那个东西。他经常说的是“我的，我的，这是我的，这是我的”。他的自我开始形成了。伴随着自我形成，不真实感会更加强烈，小孩没有办法知道这个不真实是为什么，只是感觉到不安全，总感觉要抓住一个东西，自己才存在，才会踏实舒服。人们的自我意识，以及活在记忆里对真实发生不做回应，追溯其开端，就在1.5~3岁这个阶段。

很多时候成人也在重复这个状态。例如，孩子有了不真实感以后，一定要抓住一个东西不放，来表达着“我”的存在。而成人就没有那么直白，会给自己找很多理由，我们现在是：这是一个“伟大”的事情，所以我要去做；我的责任，我必须去履行……实质是不真实感让我们去抓着一件事情，而我们给这个状态加了一个好听的说法。要去了解这个真实的状态，我们才能够活得真实，使劲抓取只会让我们不自知地消耗生命。

请你带着这个视角去体验：在现实生活中，你要观察自己，当面对人、事、物时，是带着感知、觉知、专注去体验，还是活进自以为是的记忆当中，能有这种辨析，你的生命从现在开始会变得不同。

当大家了解了人的生长节律的特点，是不是自然就会停止以往的抱怨和纠结的心态呢？认识、接受和臣服人类生命的设置，是人类意识提升的开始。

五、“自我”强化的儿童期（4~6岁）

提示：这个阶段要让孩子尽最大可能参与各种运动和活动，去完成生理发展的整合和心理的满足，打好独立人格的自信品质。身体方面的迅速发展，使肢体的运动由粗犷不稳定渐渐变得稳定细腻。在无拘无束的跑跳中，积累各种动作的丰富经验，增强身体的协调能力和控制能力，自我的意识也在增强。

这个阶段的孩子是在演绎人与自然出现“分裂”的阶段。人类不再停留于物欲的满足，而是转向自我中心的满足，开始忽视和冲击自然。在孩子身上表现为听不懂话，不容易理解别人，活在自己感兴趣的世界里。他们的归属感和认同感开始向同伴转移，与父母的关系出现了分裂，父母也很难走近孩子，往往对孩子的态度是焦虑指责。

这个阶段的孩子要重视运动，有一定的运动量，让他的肢体从不可控到可控。一个孩子一旦能驾驭自己的身体，就会对自己有信心。现在有很多人坐着也难受，躺着也难受，为什么？就是因为他在这个阶段忽略了运动。

孩子肢体各方面都运动到了，他的协调能力同时也有了。开始拿笔拿不好，慢慢地拿好了，这就是由粗犷到细腻，由不可控到可控。有了这个过程，他在接触周边人的时候就有一份自信。这个阶段的孩子群里谁是头啊？是特能显示自己的那个。

感官发展了，肢体发展了，积累了一定的经验以后，思维才开始。这个阶段是意识的过程，不会思考。所以你要跟他说事的时候，不容易说得通。

由于认知能力的快速发展，孩子们有了强烈的好奇心，同时强化了“自我中心”的形成，表现为希望得到肯定。他们非常喜欢游戏，因为可以从中获得处理矛盾的能力和经验。他们是典型的时过境迁者，注意力很难长时间放在同样的事物上。这种心理的不稳定，既带来了创造性，也带来了破坏性；既带来了兴趣，也带来了挫败，表现为不停地寻找新的目标。

家长在这时要做的是，你看他在尝试什么，需要怎样的帮助。那种帮助是润物细无声的，不让他察觉的。能这样做，这个妈妈就当得非常棒了。有时候孩子和小同伴玩得特高兴，有点小冲突，家长经常要去干预。其实，你去静静地感觉，孩子们在学着交流，而且在交流当中，有很多你想不到的方法，他们都能想到。尽管他弄得好像没章法，恰恰这个就是他们的创造。

这个阶段孩子以运动为主，在运动的过程当中表现“我在这儿”。自我中心的特点就是要表现出“我在这儿”的状态。为了这个，他去充分地锻炼各方面的能力。

我们可以安静下来，感觉一下童年。童年那个你在彷徨，要离开妈妈，走向未来，走向属于自己的天地；在不断地寻找着新的目标，让自己活进去；对外在的世界朦朦胧胧，带着那份感觉到处冲撞。

现在回顾到这个童年阶段，能够感觉到爸爸妈妈的人很少。可能会有一个挫败的感觉，或者说有件不开心的事，是一个很凌乱的片段。

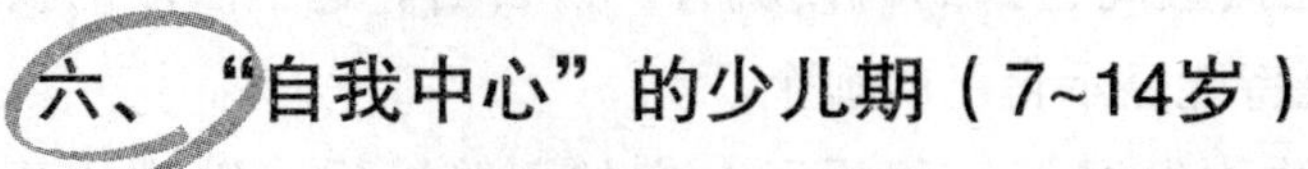

六、“自我中心”的少儿期（7~14岁）

提示：这个阶段的孩子在寻找着自己，划域着自己的领地，开始

形成自己的想法。

肢体的运动提高了协调和控制能力。自我驾驭的感觉日趋成熟，认知领域不断地拓展，意识开始活跃，“自我中心”的状态更加强大。

7~14岁的阶段，归属感和认同感的转移，使他们在乎评价，活进求认同、怕否定的情绪化状态。他们进入了“小社会”的圈子，以小伙伴为情感和兴趣的寄托。这个阶段仍在演绎着人与自然“分裂”的状态，只在乎自己的感受。他们内心最大的声音是“我在这儿”。

我们把不同阶段的生命状态揭示出来的目的是提示大家，不要孤立地看待自己的行为。人生是一个整体，每个阶段都有它的生化特点。

7~14岁这个阶段的特点是什么呢？民间俗话说：“七八岁，狗也嫌。”就是在说他们的肢体运动是最活跃的，而意识的发展是滞后的，他们的行为似乎缺少很强的目的性，成人可能觉得他们的行为很难理解，其实那是他们生理肢体发展的需要。

我们可以带着观察走近孩子，当他们肢体的运动能力提高了，协调控制能力是不是也提高了呢？有了这个协调控制能力，孩子就会有力量。所以这个年龄的孩子要把身体的各种机能活出来。在我们中心带的那些孩子，只有五六岁、七八岁就能爬很陡峭的山，几乎像走平地一样蹿来蹿去。他们对身体的控制能力非常强，跑大下坡也能非常好地控制自己。这才是他们真正活出来的生命状态。他们有自信，自信的形成就是把身体各部分机能真正地活出来。

4~6岁的阶段，是“自我”形成的阶段。他们会把自己投放在一些喜欢的东西里面来安慰自己，有着很自然的规矩感。

而7~14岁是“自我中心”形成的阶段，什么叫自我中心呢？自我中心就是开始吸引别人对我的关注。他心底有一个声音：“瞧我的，跟我来，我在这儿呢。”他一直在生命里边发着这样的声音，所以这个阶段的孩子会让人觉得很不舒服。为什么？他们的目标随时在发生变化，他们在追逐当中，让自己的各种能力不断得到激发，使他活得成为他自己。而且在这样的状态里，感召很多小朋友，活进一个小社会的圈子里。现在有很多人上领导力的课程，领导力的课程是现在上的吗？是这个儿少阶段上的。没上怎么办？当你了解了这些，你可以把上过的、还没上的一起练，因为你懂了。

所以解读人，不是专注在个体的某个行为上，或某个卡着的情绪点上，我们越专注这些，越会往下沉，人类的意识不是在进化，而会纠结在那儿，不能够走出来。真正对“人”了解了才能够活出自己应该有的样子。这个阶段活出来的人做任何事情会有很强的主动性，敢于探索，用于实践。事实上，“我在这儿”的声音一直在伴随着我们的成长，当我们违逆它的时候，就会非常痛苦。如果我们不知道，就会认为痛苦与其他因素有关，其实根源在这儿呢。

请大家感觉一下“我在这儿”的生命状态。不断地感觉自己的内在，发出这样的声音：“我在这儿，我在这儿，我在这儿……”

人的一生只有几句话，这是其中的一句。想要小孩停下来是不太可能的，他一直在动，一直在找，其实就是在告诉大家“我在这儿”。他们用各种方式表达着“我在这儿”，让大家能够关注到他。

七、彰显“自主意识”的青春期（14~21岁）

提示：青春期是人的生理心理最大的突变期，这一次的整合基本上决定了人一生的发展。

青春期内在生理机能的骤然变化，促使了生理和心理的突变。尤其是性功能的出现，使得心理出现了极大的困惑、不安和焦虑。他们一方面抗拒着蜕变的感受，另一方面又极敏感地关注外在的评价。他们在极力的适应中，整合着自己的感受、视角和自主意识。

青春期阶段出现的种种现象，演绎了人类与自然为己所用的关系。这种自主意识，甚至是暴力行为，造成了很大的挫败感。透过人类痛中思痛的进化过程，必然推进人类的反思，促进人类的意识进化。就个体生命而言，青春期的迷茫反映了对寻求生命价值内在的渴望。所以他们渴望交流，渴望积极力量的引导。

青春期里，由于关注点发生了翻天覆地的变化，他们会感觉到陌生、茫然、冲突、压力和不知所措，表现为渴望理解交流、容易冲动、消沉或暴躁等。他们经常会有抗拒和不接受的情绪，表现为自责，或抱怨，或寻找种种方式来掩饰、麻痹和释放，由此制造了更大的痛苦。

这也是人类学会建立关系的重要过程。所以青春期是人生转化的分水岭，是一生健康与否的基础所在。因为他们有了思考和表达自己的愿望，所以在乎朋友。对于强压式做法，他们开始表现出叛逆。

观察整个人生，从生理和心理比较细腻的特点划分各个阶段之外，还从整体上以青春期前后划分两大阶段。青春期之前生命在干一件事，就是把宇宙自然造化出来的“人”这个物种的所有潜能和能力激发出来。青春期标志着这种潜能或能力在身心两个方面都已经达到相对成熟的阶段。青春期之后则是运用、整合这些能力的过程，如果前边阶段人生的各种能力没有活出来，你要在青春期之后有很大的发展，确实不太可能。青春期是人类真正开始启动思考的阶段，古人把它叫作“励志阶段”。

很多人说青春期的孩子非常叛逆难沟通，这恰恰说明大家对这个阶段的孩子不了解。其实青春期的孩子细腻敏感、渴望交流，他们虽然有自己的主见，但也愿意听取别人的建议。他们的内心既渴望独立，也希望得到朋友式的关注和帮助，他们珍惜朋友像珍惜自己一样。如果青春期过得好，未来他的生命会非常精彩；如果过不好，这是比较麻烦的。成人表现出的很多情绪，往往与这个阶段有关。

由于青春期是一个生理心理整合的阶段，所以会集中地反映出人以往的能力缺陷和压抑的情绪、创伤。无论是对孩子还是对家长，都应该重视。不要以为青春期的很多现象都是这个阶段所产生的，如果能够对这些现象很好地进行梳理，这个孩子和家庭都会有良性的发展。

从人类整体的发展上讲，青春期所出现的种种现象其实是大自然的设置，人生长到了这个阶段，就要脱离过去，独立走出去。这是人生最关键的阶段之一，父母要了解这个事实，陪伴孩子走好这个过程。

请你慢慢地感受，允许自己完全地敞开：

还在玩耍当中的我，突然间长大了，朦朦胧胧地感觉世界变了；好像有一堆的话堵在心里，却不知向谁诉说；好像有好多的不懂，却又难以启齿；在乎别人的评价和认同，却不知自己活在了哪里。就这样僵硬地支撑着自己。我多渴望别人的懂，奢望一个静静倾听我的人。我乱了，真的乱了，不知什么才是我想要的。只有内心的抽泣发泄才会让我舒服一点。我怎么了？

我到底怎么了？我发生了什么？那是一个似懂非懂的岁月，那是一个迷茫的未来，不知道眼前的这一切，和我自己有什么关系。

这就是青春期阶段在我们生命当中真实发生过的。这段时间比较漫长，比较顺利的话大概也要7年，如果不顺利，青春期可能就是延续终生。所以当我们能够体验到刚才所讲的那些话，就会发现我们此刻的生命的很多东西，可能还在重复着那个阶段的状态。

本讲小结

本讲详述了青春期之前是生命的准备过程，也就是将天地所造化的各种潜能、能力不断激活的过程。了解这些生长的重要环节，目的在于让人了解，出现在生命中的种种现象是成长过程所积累的印记在生命中的重演。倾听内心的倾诉，专注于发生的回应。向生命的回归，必然会带来由内到外的轻松和自由，创造世界的平静与安宁。

当我们了解了生命生长不同阶段的特点，就不会再纠缠于具体的事情——抱怨或急于去解决，而是能够静静地去倾听生命当中的表达，对自己有一个深刻的了解。生命的所有问题从总体上来说，是对生命的不了解和对所发生问题的不接受所致。如果能够“敞开自己，允许一切的发生”，你发现那种恐惧和担心都会自然而然地转化，人会轻松很多。

我们现在之所以不轻松、难受，是因为觉得这些问题是自己的，或是别人给我制造的，进而活进了这种消耗之中。特别提出一点，就是对于那些无休止地自责的人，要能够看到自责是更大的消耗，和对自我的维护。

我们要知道所有的发生都是正常的，是人类进化必然经历的过程，你能够静静地观察自己的生命，尤其是在被困的状态里，能够静静地观察，真正地接受、走出来的时候，那就是意识的真正进化。能够将这个分享给其他人，就是你的价值和对别人的帮助。

生命的真正价值

——回归更大的整体

核心提示：

生命是平等的，价值却是不同的，其根本取决于你内心所关注的。

第一节 关于生命

一、认识生命的价值

1. 你思考过生命的价值吗？

你能感觉到生命价值与你通常所追求的价值有什么不同吗？不要急于给出答案，给自己个机会感觉一下，让生命回应你。

感觉一下，我们通常所追求的价值会给你带来快乐吗？当你有了想要的车，真的感到幸福和快乐了吗？当你想要的很大的房子也有了，真的感觉那是你的价值吗？如果是你的价值，为什么不快乐？生命价值和我们一般所追求的价值到底有什么不同？

2. 你为什么总想证明自己的价值？

是不是因为你还不知道自己的价值？

平常说话的时候，无意识中带出来的最多的口头语是什么？是不是我以为是这样的、我觉得、我认为、我是这么想的……我们在遇到问题的时候，这些口头语会脱口而出。这些一定不是别人给你的，只是那个积累的过程我们忘掉了，只留下了这些不断重复着的话。当我们仔细体会这些话，是不是能够感受到以此为理由在强调着什么，我们为什么这么想证明自己？是不是潜在地怕自己做错了，怕自己没有价值，怕别人否定我们？总之，是怕自己没有价值。

3. 你真的想知道生命的价值吗？

事实上生命的每一刻都在告诉你这个答案。你知道了吗？！

每一刻生命都在告诉我们答案，可是我们为什么不知道？是不是我们很少思考这个问题，怎样才能够让我们的生命真正绽放出来？

二、缺失的生命和富足的生命

提示一：我为什么会遇到这样的人或那样的事？

请观察：我们到底是什么关系？是满足或填补着什么，还是躲避、逃离着什么？

请感觉一下：如果是这样的，结果会怎样？

大家可以以困惑自己的问题作为背景，去感觉一下遇到的那个人或是那个事情，到底说明了什么。

有人问，找什么样的对象才适合我？还是找一个互补的好，千万不要找像我妈那样的，或千万不要找像我爸那样的，我这一辈子已经够了。他这样的想法会导致怎样的结果呢？他的人生会不会因为有这样的想法而改变呢？

我曾经遇到过这样一个个案，他说：“我很痛苦，为了不再像我爸爸，跑到美国待了10年。我是带着这样的心情走的，等我回来发现，自己怎么越来越像我爸了。”其实，越不想要什么，恰恰在和那个“不想要”做连接。当这个“不想要”成为你自己，你所看到的一切都会是不想要的，因为这才符合你内心真实的发生。请大家仔细体会体会。

我们无法改变什么，能做的就是不断地观察和了解，当你真正了解、触碰到了，转化自然发生。

提示二：缺失的生命

请观察一下：是不是怕孤独，总要生出点事或滔滔不绝地倾诉？是不是怕失去，总要用强力控制？是不是怕否定，总要证明、争辩或求得认可？是不是感到不安，总要抓住点什么？是不是总觉得自己不够好，需要努力……

请静静地感觉：缺失的心态会给你带来什么？

如果我们带着缺失的心态，生命会怎么样？是不是总想用什么来满足或填补自己？生命就会像一个无底洞，被那一份缺失所牵引，这样的生命真的可以幸福和富足吗？很多人挣了一大堆的钱，一下子就没了。有的人贪腐，他为什么要那么多钱？是填补内心缺失带来的那种不安。所以问问自己，你现在是缺失的生命，还是富足的生命？

提示三：富足的生命

这是以独立的人格为基础的超然。用生命体验一切属于你的世界，在那个体验的发生中没有对错、好坏、美丑、贫富……

独一无二的生命经验是富足生命的根本，不再是为什么而去做什么，一切自然地发生。

静静地感觉：那份生命的圆满。

富足的生命是什么？是以独立的人格为基础的超然。什么是独立的人格？和生命的哪一个阶段关系最密切？在前一讲说到1~1.5岁的婴幼儿，他们是用生命全然地经验所遭遇的事物，在那个状态中整个世界都是属于他们的。了解了这个道理，大家就知道一切不是外来的，而是都在我这儿发生着！所以真正圆满富足的人生，是在体验的发生当中，没有对错、好坏、美丑、贫富。你只有不断感觉着你在经验着什么、体验着什么，才会发现里边没有所谓的痛苦、快乐，有的只是你对自己的了解。能够不断地把这个真实放到自己的生命里，你和你的大脑就开始很好地连接，大脑给你充分的回应，你会特别有精神地干任何事情。独一无二的生命经验是富足人生的根本，是完全属于你自己的经验。

综观人类所出现的种种现象，都是“人本位”视角和意识驱使的必然。人类的相互认同使得生命成了延续人类意识的工具，拖延了人类意识的进化，在不断重复认同痛苦的同时，维系着生命间的关系。

人类在想解脱痛苦和认同痛苦的“分裂”状态中挣扎。这一经验的不断重复，促使了人类的反思，敦促了人类意识的提升，迎来人类对生命认识的新篇章。

人类所呈现的问题归纳起来看：人们都在说不想要痛苦，而事实上却在用这种痛苦维系着彼此之间的关系。比如，现在他说：“我好痛苦，好难受啊。”我如果说“你这是在无病呻吟”，我们就没话说了，我得说：“这个难受我也有过，你真是说对了。”这个话题就延续下去了。

其实这就是，人与人的关系建立在对痛苦的认同上。很多父母坐在一块儿很少说“我今天听见了什么”，“体验到了那个”，“那个真好，非常美”，他们说得更多的是“你家孩子多大了？可难管的吧，特难弄吧”。

所以大家难受不要找别人，很多是自己愿意的。因为“人本位”的视角决定了，人类的意识不可能超越现在人类看待事物的状态。这不是宿命论，而是一个能够看到事实的视角。

第二节 生命价值的真相

一、生命是对整体的具体表达

生命价值，是天地万物内在关系之和在不同层面的反映形式。没有贵贱高低之分，是一个有机的整体。而这个有机的整体，又依内在关系的不断分化，形成了不同层面有关联的个体，显现出生命的价值，体现了自然的魅力。

我们通常所说的价值，比如，我带了一个团队，或说我赚了多少钱等，感觉这个是自己的价值。而今天谈的价值则是：任何一个人，他的内在关系之和越丰满，价值会越大；内在关系之和不丰满，或是只有一个点、两个点的连接，他的生命就不会有真正的价值。由此说来，生命的价值到底是什么？让我们先看一下生命的本质。

提示一：生命的本质

生命是对整体的具体表达。无论哪一层面的生命显现，都是整体运化的结果。

为什么说生命的本质是对整体的具体表达呢？比如，爸爸妈妈是家庭层面的整体，而你就是这个整体的一个具体表达。无论哪一层面的生命显现，都是整体运化的结果。我想表达的意思是，当你真正想体现生命的价值，一定是基于归属某一整体后才能实现的。你归属的整体越庞大、厚重，你体现出的价值就越大。

提示二：生命的特点

生命的特点简单地讲就是“连接”。也就是说生命的显现过程，是将携带的整体信息与外在的对应条件连接的过程。

请大家观察，在座的这么多人，会不会见到某人觉得比较亲近，见到另一些人就觉得有距离？为什么会有这样的现象呢？因为我们所携带的整体信息是潜在的程序，它决定着内在和外在的连接。也就是说，生命的价值是对整体的不同层面的具体连接和为整体的不同层面的连接创造条件。比如，一个团队当中，某人忽视整体，极力地表现个人，对整体可能起的是破坏作用；有人非常尊重体会团队意图，注重与其他成员的连接，能够看到整体中的很多因素条件，往往会成为团队核心，对团队起着促进作用。

提示三：生命的价值

生命的价值是内在关系的反映，而内在关系则是对整体尊重的表达。

生命的本质、特点、价值这三个点，虽然语言非常精短，但是如果能真正感受到，你的价值一定会自然而然地凸显出来。当你对所在的整体非常尊重，你的“自我”很自然地在脱落，整体是没有止境的，你能够感觉到多大的整体，你就在汲取着那个整体的能量，展示着那个场域的价值和作用。这是一个内在的真实发生，如果没有整体的意识，是很难察觉的。我们常常看到有些人有很大的凝聚力，展示出了超人的价值和魅力，但我们很难体会到他们内在所贯通的那个整体是什么。例如，宋代范仲淹出将入相，功在当朝，载誉后世，而他立身的根本点则是“先天下之忧而忧，后天下之乐而乐”的内在境界，这才是他的生命的真正价值所在。

二、生命价值的根本是回归更大的整体

生命不是孤立而生、独立而长的，它是依“存在”的整体渐进而成的。

从广义的角度讲，宇宙是孕育万有的本源生命，它的意识是“我是存在”，一切存在即是我。从狭义的角度讲，不同层面的生命都是宇宙“存在意识”的表达。地球生命的意识是“我用长养、孕育显现你的存在”，万物生命的意识是“我是回应”，而人类的生命意识是“我是天地万物的回应和表达”。

由此说来生命就是对整体的具体表达。所谓生命价值的根本，不是以人的意志为转移的，是自然而然的，顺之则昌，逆之则衰。

宇宙说“我是存在，一切存在都是我”。有了这个存在就有我们生存的大空间，不同的生命都是宇宙这种存在意识的表达。宇宙说“我是存在”，“哎！我也是存在”，一切都在回应这个存在。

地球生命的意识是什么？宇宙说：“我是存在，一切存在都是我。”地球的意识说：“哎！我用长养、孕育显现你的存在。”

因为它们遵循着一个法则，就是一切生命只有向更大的整体回归才能汲取能量。若没有更大整体做支撑，是不能够存在的。地球生命也是如此，它是来源于一个大的整体——宇宙，最终也要复归于这个整体。所以，我们看到的所有生命都在默默诉说着这个生长规律。

就万物而言，由于它们根源于宇宙的存在，所以尽情地以“我是回应”传递着宇宙的“我是存在，一切存在即是我”这个包含着无穷能量的信息，使地球不断地丰满富足。

万有是对宇宙信息的具体回应，使它们形成了有机的整体。我们可以看到有水的地方就长鱼，有土的地方就长草，有草的地方就长虫，有虫的地方就长兽，地球在万物不断的回应中渐渐成熟。

人类生命的出现标志着地球的成熟，人类生命的意识是“我是天地万物的回应和表达”，所以，“表达”是人类的特质，这个特质就是思维和语言。

天地生人，价值何在？这是一个重要的生命议题。是主张自我，还是尊重生命的本然，在“参赞天地之化育”的大背景中，允许生命的一切发生？

生命的根本价值是不断地从一个个体返归更大的整体。当你能够不断地返归更大的整体，或是说你能够把更大整体的意识带在身上，你就是这个整体的代表者，或是叫这个整体的全息。

例如，人的“仁者爱人”的德行，就是人类对于这种特质的体现，这也是对宇宙生生不息的存在的彰显。

请你带上感觉，体会一下这四种意识对生命状态的影响。

请大家回到自己的生命当中，感觉一下宇宙的意识是什么？“我是存在，一切的存在都是我……”

请你感觉身体所处的状态，你此刻是什么样子。再慢慢地回到你的呼吸上来，感受呼吸的存在，随着这个感觉进入周边的存在。

房子是个存在，音乐是个存在，一切浑然一体，与天地浑然一体，与宇宙浑然一体，感觉那种无处不在的浩瀚。没有边际，没有阻隔，可以默默地重复：“我是存在，一切存在都是我……”

请大家慢慢地回来，意识到你在这儿了。你感觉到“存在”是什么了吗？你体会到“存在”是一个“是一切，又什么都不是”的浩瀚背景了吗？体会到它是一个随着变化而变化的无始无终的整体了吗？而感觉则是带我们进入更大整体的能力。

“我是存在，一切存在都是我。”这句话在现实生活中的应用极为广泛，无论遇到怎样复杂的问题，你能够默默地重复这几句话，就会发现你与所发生的在一起，自然会明白和解读在那里真正发生的是什么。回到整体，没有了对立、冲突、纷争，自然就没有了问题。

比如当你面对别人的指责，可以心中默念："我是存在，一切的存在都是我。"你真的活进这句话了，就能够听懂对方指责的背后是什么，他真正表达的是什么，而不是被他的情绪所牵引。这种人格的独立会给你带来无穷无尽的力量和智慧。

请大家继续回到自己的生命当中，感觉一下地球的意识是什么？"我用长养、孕育显现你的存在"。

请你感觉身体所处的状态，你此刻是什么样子。再慢慢地回到你的呼吸上来，感受呼吸的存在。随着这个感觉进入周边的存在。

感觉天地孕育和长养的万物，感觉没有周边一切的存在，自己就是灰暗、凋零、没有生机的，进而感觉一切的存在都是为我而来的厚重。我们是一体的，相互孕育和长养的，这是用生命去感知的特殊能量。可以默默地重复："我用长养、孕育显现你的存在……"

请大家慢慢地回来，意识到你在这儿了。你感觉到"孕育"和"长养"是什么了吗？你体会到"孕育"和"长养"是相互连接，给予力量的源泉了吗？体会到它是调和各种变化向更大整体返归的途径了吗？这也是激发人类各种潜能的过程。

"我用长养、孕育显现你的存在"。这句话在现实生活中的应用也是极为广泛的，无论你面对怎样的争执、诋毁，你都可以默默地重复这句话，你会感觉到那个争执和冲突的力量在慢慢地融化，你会发现你的声调语气开始变得温和。你会看到之前所看不到的，听到之前所听不到的。那种自然谦卑的品质，会带你感受到平静温和的状态。这是成人做事的基础。

请大家再次回到自己的生命当中，感觉一下万物的意识是什么？"我是回应"。

请你感觉身体所处的状态，你此刻是什么样子。再慢慢地回到你的呼吸上来，感受呼吸的存在，随着这个感觉进入周边的存在。

感觉一下周边的人是我的回应，桌子是我的回应，音乐是我的回应，一切的一切都是我的回应，它们的出现都是应我而来。当你默默地重复“我是回应……”是不是感觉很多东西向你袭来。

请大家慢慢地回来，意识到你在这儿了。你感觉到“回应”是什么了吗？你体会到“回应”是听从你召唤的反映吗？体会到你的富足或匮乏也是“回应”的表达吗？它在告诉你真实的发生是什么。如果你看到了回应，你就在远离非现实的状态。

万物的回应是多么可爱！林木丰茂，百花争艳，鹰击长空，鱼翔碧水，连身边的小狗、小猫都长得很漂亮！这就是它们对宇宙、对地球的一种报答：我用回应来报答你，使地球更加富足丰满。

地球能够如此丰满，源于它的意识是那样，如果我们也有这样的意识，生命会不会也很丰满呢？我们所到之处都是“我是存在，一切存在都是我”；不管跟谁在一起相处，“我长养、孕育你的存在”，或是说“我是你的回应”，或是说“你是我的回应”。这样的视角会让我们回到共通的意识层面，发现生命间更多的连接和厚重。

请大家回到自己的生命当中，感觉一下人类的意识是什么？“我是天地万物的回应和表达”。

请你感觉身体所处的状态，你此刻是什么样子。再慢慢地回到你的呼吸上来，感受呼吸的存在，进入自己的感觉状态。

在这个感觉中，感觉生命的真实，感觉自己的头颈、膀臂、胸背、腰腹、腿脚，整个身体所处的状态。就像坐在没有光线的房子里，只剩下自己的感觉。一切都存在着，一切都发生着，一切又都独立着，静静地体验着这一切，就像胎儿一样，没有评判、对错、好丑、理由等。请你静默地重复：“我是天地万物的回应和表达……”

你感觉到了吗？你感觉到那个胎儿和母亲、天地融合一体的状态了吗？静静地体验，那是一个无所不知的感觉世界。

请大家慢慢地回来，意识到你在这儿了。你感觉到人类的“回应”和“表达”是什么了吗？你感觉生命生长本身就是尽意的“回应”和“表达”了吗？

我们一定是忘了胎儿那个阶段的生长过程，但他的感觉能力却一直陪伴着我们的生命。生命能够有开放自如的品质，是感觉系统作用的结果。

因为胎儿完全开放地与宇宙、天地、万物共舞，进行着能量信息的汲取和交换。我们现在感觉到自己在这儿坐着，感觉到周边，不用眼睛看，但能够感觉到更大的整体，都是在胎儿阶段发展出来的能力。

由此说来，无论是宇宙生命、地球生命、万物生命、人的生命，他们的价值就在于活出了生命的本然状态，只有尊重了“他是什么就是什么”，他存在的价值才能体现出来。

第三节 有关系，才有连接

关系是从有机整体分化为天地万物的连接和显现过程。它们有着千丝万缕的内在联系，秉承着规律。万物并作而不相害，相互给予地发展，使得宇宙天地展示出博大、丰厚的精神境界和丰足、富饶的物质景象。

人的生命有精神生命和物质生命。其实所谓人的精神生命就是秉承了宇宙的精神。比如，当人到了濒临死亡的境地常常会说：如果再给我一次生命，我要好好地活。这种宇宙的“存在”精神就是人极顽强的生命力。人真正活出了宇宙的精神境界，生命当然会非常的富足。

再者，宇宙能够展示出博大和丰厚的精神境界，同时还有丰足富饶的物质景象。这是地球的回应完成的，“我来长养和孕育它们”。

因为我们就是在宇宙中孕育的，在地球中生长的，我们就是载体，要活出这一部分，生命回归寻找他的源头，这是个自然发生的过程。你的生命就是从那儿来的，必然带着那些信息。在这点上每个人都是平等的，天地虽然不说话，但是在我们身上都能反映出他的特质，这是由人和天地之间的本质关系决定的。

一、关系的本质是秉承整体来做连接

提示一：关系的本质是秉承着整体性的内在连接。

如果一个生命总是想表现自己，把自己放到第一位，就是在切断关系。因为关系的本质是秉承着整体来做连接的。

比如说，在过去的大家庭里会有七八个孩子，有娶有嫁二十多口人，家庭就是小社会。聪明的妈妈，说话会是这样的口吻：“哎，你大哥刚走，你嫂子昨天过来了，还问起你们呢。”人听了会暖暖的。如果不是秉承着整体的连接，妈妈如果说“你哥可好长时间没来了，你嫂子那天来了以后还给我甩脸子看”，这个家一定过不好。妈妈是最能够代表家庭整体的一个人，如果她没有秉承着关系的本质，这个家就会搞糟搞乱。

所以请大家记住，人在体现价值的时候，要抓住两个关键点：一个是回归整体；另一个是找准关系的连接点。这样建立的团队一定有极强的凝聚力。

提示二：关系的特质是对更大整体趋向性的认同和转化。只有承认了整体的存在，才是真正尊重了个体的存在，才会有关系的存在。

什么是关系？关系就是向着一个更大整体的趋向性的认同和转化。这个说法，不是指向我们主观意识层面的理解，它是一个潜在的规律性的东西。也就是说，不管你能否意识到，它都在那真实地发生着。比如，有人说我一辈子不要像爸爸妈妈的那个样子，到最后还是由不得他，往往说这个话的本身就是在认同追随着父母。在社会层面也是这样，大家都喊着厌恶什么、不要什么，其实他们没有发现自己已经在成为那个样子。

从整体内在分出来更多的个体，更多的个体也趋向于对更大整体的认同。这是关系内在的特质决定的。一个人对整体的趋向性越加顺畅，他的生命就会更加精彩。如果他对于整体的趋向和认同不够，他就违背了自己的生命。换句话说，人是群居动物，如果你不群居了行不行？不行。

比如，从历史发展的角度来说，以往的时代都是四世同堂、五世同堂，本身就是个小社会，很多问题都在家庭这个小社会里边不断变得成熟。等迈向大社会，他有了一部分成熟在里面，就会很好地适应。现代家庭日益小型化，从根本上把人的生存结构变化了，会出现很多的问题，因为它失去了连接点和反映规律的条件。所以客观地看待这些现象，你会轻松很多。

当你带上这样的视角，你自然会退到更大的整体当中，那些所谓"问题"就不是问题了，而会自然脱落。

提示三：关系的作用是对整体连接状态的检验。

关系的作用其实就是呈现出来的结果是什么，这个结果是不是我们主观想要的，是要回到关系这个层面来认识的。你活得好不好，就看关系连接得怎么样。如果只在乎自己，我行我素，就在中断着各种关系，关系就是要你看到和承认它们的存在。这和认同别人是两回事。

人是群居动物，只有承认这个群体你才能存在。我们的工作、学习、生活，以及所思、所想、所行，请你感觉一下，是不是都是建立关系的过程。比如对"人"冷漠，不懂得去关爱；对"物"不了解，不知道怎么运用它们，会成什么"事"呢。"人、事、物"包含了我们一生所面对的一切。忽略了这些人活着的基础，生命的意义和价值还能有吗？所以，建立关系的过程就是生命的灵动，价值的体现。没有关系，没有连接，生命不会太精彩。

二、建立整体关系意识

建立关系意识即是以整体意识为思维背景，才能看到事物更深更广的内外联系和连接点。在整体的大背景中，才会有关系的发生，从而引动、聚合各种内外条件的作用。

谈到生命的价值首先要建立起整体的思维背景，在整体思维背景当中能够看到你是整体的连接点，也看到与外在对应的连接点，这就在启动生命的价值。

比如在一个家庭中，是不是经常会谈论妻子要尽的责任，丈夫要有的义务，这个看似很正确的话题，成为双方的承诺和潜在的契约。而事实上，恰恰是这些正确的话，却成为家人们彼此要求和攻击对方的理由，因此制造了无数家庭的不幸。这种意识已经成了代代相传、经久不息的择人标准和建立家庭的思维背景。为什么这么正确的话题，结果却适得其反呢？因为人们活进了“应该怎样，必须怎样”的理想化的非现实当中，脱离了生命发生的真实状态。

在现实生活中，我们看到那些和睦幸福的家庭都有着整体关系的意识，他们是在感觉家庭成员的真实状态和身心需要，真心地体谅、允许、接纳对方的一切。家人们不是刻意地为对方活着，而是活出真实的自己。这样营造出来的家庭氛围，会给家人们带来身心的轻松愉悦和精神的独立，使大家可以享受家庭的温暖和幸福。

事实上，生活的现实就在于发生，它不会因为有哪些正确的标准就不存在了。人的成长和家庭的成长都需要如意、不如意的漫长经历，要自己实实在在面对才能收获到的。有了这样平等的基础，整体关系的意识才能形成。家人不再是拉扯推诿的关系，而是自我承担、相互陪伴的关系，这样才是真正的关系。

这里讲的，不是不要责任和义务，而是要真的看到自己，并为自己的真实状态负责。如果一个人做不到这一点，要为别人负责、尽义务，这是非常不可信的。

生命要想有力量一定是基于一个更大的背景，或者一个更大的整体，你才能够汲取力量。如果封存在生命个体状态里面，没有力量可汲取，生命就会枯竭。

第四节 回归根本关系

人类的生存发展和成长进化的本质区别，是要澄清“人的根本关系”这个事实。只有真正尊重这个事实，生命才能有归落之处，才能得到更大整体的滋养。人与整体的关系共分五个层面：人与宇宙的关系；人与地球的关系；人与万物的关系；人与父母、家族及社会的关系；人与自己的关系。

通常所讲的关系，往往是利害关系、利益关系，这是极为表面的生存关系。生命要想有力量，生命真正本然的力量，必须回到一个根本关系中。

也就是说，在生存层面有一个关系模式，在成长层面也有一个关系模式，这里面的本质区别是什么？只有尊重“生命”这个事实，它才有归落之处，才能得到更大整体的滋养。

一、人与宇宙的根本关系

提示：人的生命现象是宇宙“存在意识”的深刻表达。人与宇宙有着天然的默契，在“存在意识”信息的共振下，人与宇宙交换着生命的本源能量。

当我们静下心来观察自己，会发现生命的深处一直在呐喊着宇宙的意识“我是存在，一切存在即是我”。这是万物之“灵”最强大的表达，这也是人类精神生命的起源。

人之所以能够存活，一方面是靠物质的滋养，也就是吃喝拉撒睡的代谢系统；另一方面，还有一套无形的自我调整机制，虽然我们看不到它，但是当我们静下来的时候可以感受到它的存在。比如，当我们遇到问题或受到挫折的时候，是不是要比以往安静很多？其实那不是消沉，而是一种自我调整，只是我们不知道而已。

再比如，睡觉是每个人再熟悉不过的现象，但睡眠究竟是什么，怎么发生的，我们不知道，但是可以感觉到它。充足的睡眠会使我们神清气爽，干什么都有劲儿；睡眠差了会精神萎靡，情绪低落。所以睡觉的状态看起来什么都没做，但它对人的作用是那么重要。宇宙也是如此，它不是指具体的事物，但一切具体的事物都与它的存在是一体的。人也不例外，是存在于宇宙这个本源能量之中的。

只要我们真正有回归的意识，允许自己停一停，就能体会到“我是存在”的宇宙意识，当你融化在里面的一瞬间，你的生命会连接到极强大的能量。

人与宇宙根本关系的连接方法：每当“闲”时，请你带着感觉宇宙的状态，默诵“我是存在，我是存在……”

当感觉到你就是那个存在的时候“一切存在即是我”的回应出现。这是一种美妙的回归，会给你补充强大柔软的能量，使身心瞬间达到调和，感到舒畅。

这样的经验在我们生活中往往不可多得，相反的经验是大家熟悉的。比如说，当自己困惑和抱怨的时候，是不是经常钻在这句话里面痛苦：“就是你让我痛苦的……”这就在不断地切断关系，使人处于孤立的状态，生命显得非常地贫乏。这是一种连接，其结果让你痛苦。如果肯换一种连接的点，你可以尝试与自己相处，静静地感觉生命与宇宙的连接。

请你留给自己一点点时间，静静地感觉宇宙的意识“我是存在，我是存在……”那一刻你的身心会被宏大的存在所连接和融化。这是一个生命的体验过程。

请大家带上感觉，去感觉你的坐姿、所处的状态，进而去感觉你的呼吸，随着感觉，进入你整个的生命。继续带着这个感觉，向外延伸，到天地，到无限，感觉到没有边际、没有阻碍，自己就成了这个存在，停在这个存在里，融在这个存在里，我就是一切，一切就是我……

请大家慢慢地回到自己的中心，感觉一下自己的身体。

会不会感觉有一种统一的状态，只要是分裂、冲突的状态，生命就在消耗。所以，首先要让我们的精神生命能够独立。

二、人与地球的根本关系

提示：人的意识和行为是对地球意识——“我用长养、孕育显现你的存在”的深刻回应和表达。违背了它，就在违背自己生命的归属，必然导致迷茫和痛苦。

当你在面对人、事、物的时候能运用“地球意识”，自然置换掉各种混乱的认识、想法……此刻你回到了“连接”的本位，那个属于你的位置，你会显示出任何人无法代替的价值，你得到的震撼、体验、感悟是生命真正的意义所在。这就是本时空赋予人类最直接贴切的“共通意识”，使人的困惑不再是困惑，痛苦不再是痛苦，而是认识地球生命和人类生命的过程，是回归根本关系的助伴。

通常人们所认为的“痛苦”，是错觉后的盲目反应。这是一个很难被人发现的“意识错觉”。我们强调回归根本关系的目的，就是自然超越这种错觉的意识。我们每一个痛苦，事实上是违逆了人本来应该有的归属感，当我们违背了这个根本关系就会痛苦，就像孩子失去了妈妈，给他再美好的东西，只能高兴一时，但无法填补空虚的感觉。人们不知道这个事实，反倒会给痛苦连接很多的“因为……，所以……”的由头，用分析解释的方式给痛苦安家落户，人们毫不自知地重复着这样的模式活进错觉之中。这种“差之毫厘，谬以千里”的意识，使痛苦不但没有减轻，反而愈演愈烈。

大家可以静下来感觉一下，人们从本意上是不是都想为别人好，不想伤害别人，有好的收获也很愿意跟人分享，不愿意看到别人痛苦等。虽然往往做不到，但是内心深处是这样的。

俗话说“人往高处走，水往低处流”，如果这个东西都没有，人的群居就是不可能的了。所以这些天然的归属感是流淌在人的血液中的。不仅人是如此，地球上的动物都有这样的天性，这就是携带着地球“长养、孕育、存在”的意识使然。

多年来我对人本身的研究不管发生了什么样的困惑，从来没有绕道而行，都是努力与这个发生在一起，不断地看到背后到底是什么使它这个样子。

比如说，我今天跟一个孩子吃饭，孩子说不喜欢吃蘑菇。我说“蘑菇怎么了”，他回答“有一种怪味儿”，我说“可以咬一点点，看看会发生什么”，他咬了一点，闭上眼睛去感觉，之后睁开眼睛说“没什么的噢”。最后我说：“还剩下一个，你觉得怎么样？”他说：“可以试试，不过这个根可能不好吃。”我说：“先别想，试试吧。”等他吃完以后说：“哎，这小根有味，大根没味。”所以，他只要去体验就好。

当我们了解了与一切人、事、物都是彼此长养的关系后，是不是会多一份主动连接的意识呢？当我们面对着眼前的发生，不再回避、逃避和所谓的淡定，你会与所有的事物真正建立那种彼此归属的关系。这不是美丽的传说，你真的肯做一点，就会收获那份惊喜和美妙。

人与地球根本关系的连接方法：无论你面对什么样的人、事、物，只要带着感觉地球意识的状态，默诵“我用长养、孕育显现你的存在”，你的喜悦会油然而生。

与整体连接的这几个层面可以根据不同的情况来运用。比如在无事的时候、身心比较轻安的时候，可以默诵“我是存在，我是存在……”当你这样存在了，周边所有的东西就会清晰地回应给你，那个时候一切存在都是我，你会体验到一体的感觉。

当你面对着人、事、物，有可能让你很不愉快，有可能让你很舒心，都不要紧。或是你面对事情，或动物植物，都可以跟它说“我用长养、孕育显现你的存在”。

前面说到人的价值就在连接，但连接在于它的关系，它专注、关注着什么，就会有什么样的价值。如果你能时时刻刻与养育你的大背景连接，现实生活都会给你极丰富的营养。

这是时代赋予我们的共通意识。“共通意识”就是说，你在任何时候，感觉到它、念它的时候你的意识就可以转化。不要想着去改变别人，只有让自己的意识进化超越。共通意识就是让我们能够超越旧有意识，回归更大的整体。真听明白的时候，你会有非常兴奋的感觉，哇，原来是这个样子。

不用那么多高深的道理和道德标准来要求你、逼迫你。比如，咱们不跟他计较，咱们心量大一点，咱们要做君子……这么一堆话，事实上在围绕着一个不痛快说。只有你的根本点是站在一个痛快的地方，你才会痛快，对不对？如果我们掌握了共通意识，超越了痛苦的意识，生命自然就是快乐的。

静静地看，我们对别人好，往往潜在的都有一个交换：我对你这样好，你也要对我好，你如果对我不好就是小人。这样你的内心本身就在度量、计较，你能快乐吗？一个斤斤计较的人会快乐吗？不会的。我们用这样的意识就会不同：我的生命就是为了长养你的存在，孕育你的存在的。如此，你会豁达、喜悦！

三、人与万物的根本关系

提示：宇宙意识与地球意识的相互认同（我是存在，一切存在即是我；我用长养、孕育显现你的存在），形成生命潜在的机能，所以必然孕育出千姿百态的生命。天地万物都遵循趋向着这个“共通意识”，使大千世界的所有生命，以“我是回应”的意识来展示宇宙地球的博大、厚重、富饶、丰足。人是自然界中的一分子，在接受这种回应的同时，得到了生存的物质保障。所以爱护万物是人的天性，违背这个关系必然遭受各种挫折。

宇宙意识与地球意识的相互认同，形成了生命潜在的机能。万物在回应的过程中，既丰富了地球的博大丰厚，也展示出了连接的价值。所以，万物的平等和相互的尊重既保障了万物的生存，也是高度和谐的精神境界的根本所在。

所以，爱护万物是人的天性。违背了这个关系，必然遭受各种挫折。抬眼看去比比皆是，我们为了满足自己的欲望而杀害动物，无休止地索取地球的矿藏。但是这个阶段也是人类要想超越自己必须经历的过程。如果没有这个过程，人类不会凭空超越，它一定是基于一个大背景的变化，才会促使人类思考这个问题，人类才会想真正地走出去。

人与万物根本关系的连接方法：在一切的顺境逆境中，只要你带着感觉万物意识的状态，默诵“我是回应”，会处处看到真实的自己。它们会向你诉说着“你是谁”。请你试着接受那种莫名的抗拒情绪，耐心地看到它。此刻你会感悟到很多很多……

比如当我看到这束花的时候，我默诵“我是回应，我是回应”，让你的生命此刻就停在这里。从回应中你看到：这是鲜花，它在回馈你什么？不如往常茂盛了，黄了很多的叶子。你说“我是你的回应，我是你的回应”，它会告诉你什么？你很长时间不管它了。

当你进到家门，触目所及非常凌乱，你再念“我是你的回应，我是你的回应”。你会感觉它在告诉你什么？你比较懒惰了，你已经不太容易观察到周边了。

当你走在大街上，看到人们面无表情，你告诉自己“我是你的回应，我是你的回应”，你用“回应”去看所有人，会看到你自己：你在笑，他也在笑。也可能看到板着脸不笑的人，你会抗拒，这个时候也是你。

你默默地带着它，用这种方式让自己的生命有归落之处。信息时代最可怕的第一点是信息的爆炸，第二点我们无法整合这个信息，时常觉得无所适从。当你了解了幸福课的整个内容，再看所有的东西会出现一个清晰的思路。你就不再那么迷茫，因为你的生命开始说话了。我们过去是概念信息在说话，你卷到了信息爆炸之中，肯定会迷失自己。只要回到你的生命之中，用生命去感知，自然会有归属、有着落。

四、人与父母及家族的根本关系

提示：人是父母及家族的具体显现。父母是遗传的载体，也是人意识行为的传播者和塑造者；家族既是遗传基因的根源，也是强大的信息场域。对后代的影响是不能够用我们的意识揣度的。

自己的父母只是无数个父母的代表。当你违逆了他们，就在抗衡着一个庞大的整体，压抑和窒息着自己的生命，失去和更大整体的连接，出现迷茫、找寻、无力和挫败。因为家族有一个“共通意识”——“我是你的延续”“我是你的荣耀”。每个成员都在竭尽全力地演绎着它。无论表现出任何的接受或不接受，都是对家族认同和追随的形式。无论你主观上愿意不愿意，这个事实都在发生着。

如前所说，追溯人的祖先到33代时，总人数是85亿之多，这个数字只包括了直系的父母。这个强大的信息库，既是人意识行为的根源，也是整个人类的集体意识。尊重这个事实，你就可以领悟古人所讲的孝和顺的本义，以及人类社会和谐共处的本质所在。因为人类的意识和行为从根源上讲都是共通的，只是时空不同、环境不同、人的反应状态不同而已。

当我们知道了家族关系的真相，才真的承认并接纳了自己的身份，这是我们看到自己的机会。那么我们能做什么呢？就是直面发生，接受存在，体验当下，感悟超越。这样的生命就在继承和超越着家族的系统，趋向着更大整体的连接和返归，体现着在更大背景下的价值。

如果真正看清了这点，你就承认了你的身份。人对于“抗拒”都不陌生，抗拒就是我不接受。为什么抗拒？是因为对自己没有足够的了解，才会抗拒。如果真的读懂了这一篇文字：所有的人和我一样，只是环境不一样造成的反应不一样而已，你就开始接受自己，接受你的身份——你是“人”这个身份。事实上，我们都在抗拒：我不是人，我是完美的神！我们多么容易把“高大上”的东西往外投射啊？像炸弹一样扔到哪里都是爆炸的、不和谐的。为什么？因为我们不接受我们是“人”。

第一讲我们讲到地球演变和人类进化的全息同步关系，现阶段人类整体共同处于青春期。同意了这个说法，就你开始接受自己的身份，你是人，一个青春期的地球人。

如果我们对人的共性状态了解，孝和顺的本质就能够体现出来。

现在不孝顺父母，里面那个极强的力量是什么？就是在很小的时候表达不清楚自己的需要，但对父母会有潜在的要求，只有符合了我需要的方式才能够体会到爱，当父母达不到，就会觉得父母不爱自己了。这是因为在孩子阶段他们向父母要的就是爱，没感觉到爱就会受伤。

我在小时候也感觉妈妈喜欢我妹妹，总认为妈妈比较偏心。现在问妈妈："你为什么爱她不爱我啊？"妈妈说："爱你啊。我宁可不上班也要把你们俩带大。"但孩子是不懂得这些道理的，只是要求以她想要的方式去爱她。

当你看到人类就是这样的繁衍过程，不断地观察和感受，就会发现人类的意识是一样的。妈妈和爸爸只是无数父母的代表。这时候，那个天然的接纳就会自然发生。不再只纠缠于自己的妈妈好不好，而是看到所有的父母都是一样的。

因为人的生长过程是在分裂重组中完成的，比如细胞的分化、出生的分离。到4~6岁阶段凸显了这个特征，小孩开始探索世界，和妈妈的分离也不断加剧。对妈妈的依赖从面前转到了身后，只有遇到困难了，才会对妈妈有强烈的需要感，如果妈妈没能在第一时间给予支持，就会把所有失落、抗拒、无奈的情绪投射给妈妈，久而久之，抱怨妈妈就成了一种模式。了解了这些，我们就会有一个意识上的超越——原来这些是人类由来已久的延续模式。

还有一个很常见的家庭现象，就是家庭成员间各种形式的吵吵闹闹，尽管我们很抗拒它，但是很难发现我们正在以抗拒的形式忠诚于家族的交流模式。这也是"我是你的延续""我是你的荣耀"的表达。

比如说爸爸爱喝酒，儿子说"我绝不喝酒"，但他心里那个拧巴的劲是更糟糕的事，他会把这个拧巴的劲带到各个方面。这就是一种追随。所以在家庭里面无论发生了什么事，你去深细地观察，会看到"你就是用那些模式来延续和荣耀着父母"。一定要通过现象去感觉里面那个真实的存在。

有了这样的“共通意识”，就会转化要改变父母的想法，接受妈妈爸爸就是这个样子，自然会孝顺。

人有两种能量，一种能量是，孩子对父母的爱没选择，当你学会了父母的那一套，就成了那个力量的追随者；另一部分能量，是从宇宙、地球的背景中生成的，这个潜能非常之大，我们现在只活出一点点。我们为什么一再讲人跟宇宙的关系、人是怎么生成的？就是提示我们，接纳和承认了父母，你能够看到更多，你会从那里抽离出来，回归更大的整体。

人与父母及家族根本关系的连接方法：无论面对谁，当你重复着被困的感受时，你要默诵“我是你的延续”“我是你的荣耀”。静静地感觉你对家族意识的追随，看到生命真实的发生。那一刻没有评判，只有事实。承认并臣服你所看到的这一切就是自己，放下抗拒。

比如你因人际关系而困扰了，能想起这句话“我是你的延续”“我是你的荣耀”，你就回到生长背景当中，看到父母是怎么处理人际关系的，曾经怎么对待你，你现在的样子跟谁比较像。给一个机会让你看到自己，当你看到了爸爸、妈妈是这样子的，知道了这就是我。接受你自己，接受这一切，你就是这一切，都是你生命的一部分。如果你现在能跟人吵起来，最初跟谁形成的？跟妈妈、爸爸，跟你的亲人。所以，不管跟谁吵架你看到的都是自己，在那一刻“爱”会发生。大家即是我，我即是大家，没有谁特别，如果你能看到这个，你就能看到群体的意识。

我们之所以还被一个个模式套着，是没有真正思考你到底是谁。你不是你，你是所有的一切，一切人都可能是你，所有的人都是平等的。你如果能够跳出去，不再在人群里冲突，无论走到哪里别人从你那里感受到的都是幸福快乐。

和家族的连接就是要真正看到，你是在怎样的环境和境遇当中长大的。你现在的为人处世、起心动念、与人交往的方式都是什么？不断地看到自己成长的环境给你的生命带来了什么。没有一点是别人的，你看到了这些，真正允许自己就是这样一个人。看得越具体越好。当你看到了，你就会从那里面出来；你看不到，就难以走出来。

五、人与自己的根本关系

提示：自己与自己的关系，反映了所有关系之和。人们尝试着用各种方式表达自己的存在价值，其结果要么是成功，要么是挫败，而留在内心的往往是苦涩。这是为什么？

事实上，无论你做什么，都是在遵循着生命潜在的运动朝向，也就是遵循着对“整体的回应和表达”。只有带着了解认识它的意识，彻底地符合顺应它的状态，才可以走进它，发现我们意识和行为背后的那个“朝向”。这一刻你在真正拥抱自己。在这种生命的统一中，会满足你所有的需要，包括突破各种所谓的“关卡”，也包括各种关系的修复和财富的顺畅。这是走进生命的过程，也是生命的绽放。

无论你喜欢什么人、说什么话、做什么事、怎么对物，都是对你自己的一个表达，与其他人没有任何关系。

为什么这么说？所有的生命来到这个世界都为着他们的选择而来，比如鱼喜欢水，它就选择到水里生活；鸟喜欢自由，它就长出翅膀飞在天上。再比如，不同的人，潜在地有不同的喜欢、排斥的感受，他们会为此做出选择，成为现在这个样子，和什么人在一起，做什么事情，找什么伴侣等。你可以对此不清楚，但不会影响事实的发生。很多人不了解这个事实，常常表现出不接受或抗拒，所以你需要看到自己生命的朝向是什么，认识到是那个朝向在牵引着你。

通常我们所表现出的“我”要做什么，或“我”认为什么是重要的，或“我”认为这是正确的，这是必需的等，都是“朝向”的状态，是以这种方式追随和复制着家族的某种模式。它会给人带来封闭、受限和被困的感受，这是每个人要想活出自己所必须经历的。我们只要不再拒绝、抗拒，它会成为提醒方式，告诉我们要用感觉系统感知、认同、连接更大的整体。让生命能量在更大的整体中流动起来，这个过程就是敞开生命，让生命当家做主的过程，这才是生命的价值所在。总之，不同的生命价值取决于对不同整体的关注。

生命潜在的运动朝向，往往是对父母各种模式的延续。它既有先天的遗传因素，也有后天日久成习的惯性。人活得明白，就是真正看清与父母连接的点，其中让你感觉舒服的、喜欢的是什么？那些排斥不接受的连接点是什么？看清楚自己真实的状况，就看清了你的“朝向”，也看清了你是用怎样的方式回应和表达你的朝向的。

如果看不到那个朝向，尽管我们主观意愿是要实现某个目标，也很为之努力，而实际上一切只会围绕着你的“朝向”发生，所以未必就会达到你的愿望。这时候我们常常怨天尤人，结果是仍然维持着你固有的朝向，走向下一个不想要的结果。这几乎成了我们的常态。大家愿不愿意给自己一个机会，看到真实的自己呢？

上面所说的已经很清楚了，下面怎么走就是自己的选择了。你可以维护着自己的朝向模式，也可以跳出那种模式拥有更广阔的连接。你在哪一个层面连接，就会反映出那个层面的状况。如果你经常和地球连接，你肯定像地球那么富足。如果你连接了爸妈的天天发脾气，你就天天认同着他们也在天天发脾气，等等。人们总在重复着某种模式，有的人可能重复着父母的某种模式，有的人重复着天地的某种模式，所以不同的连接必然导致生命价值的不同。

人与自己根本关系的连接方法：当我们自以为是的时候，是看不到自己的分裂状态的。当你默诵“我的到来是对天地万物的回应和表达”时，你就在尊重自己，和自己的生命连接。

怎样才能做到有力量的连接？经常回到五个根本关系的视角上，就可以不断看到你的朝向，那一瞬间心就像开花一样，你会觉得这个世界一切都是爱了。

只有和自己连接了，真正看到自己，你才能看到这个世界所有一切原有的样貌，并真正做到尊重它们，而不是认为它们、喜欢它们的自以为是的状态。

本讲小结

生命的价值从总体上讲包含两大部分：一部分是在连接回归更大的整体中汲取能量，使得生命不是在枯竭耗损的状态中；另一部分是在生命间的连接中超越生命潜在的运动朝向，在回归生命状态的同时，分享生命的博大、丰厚、富足。

通过以上所讲，生命的价值并不是我们主观赋予的诸如伟大、使命、意义、成功……而是对生命的尊重，无论生命是什么状态，允许这个状态的发生，就是这个生命的价值。

人们常说的缘分，就是在描述那种我们不知的关系现象。如果我们尊重了这样的关系现象，就在承认着自己，允许自己与更大整体的连接，而不是以好恶心切断关系。所以说，生命的价值在于连接，连接就在汲取更大的力量。有了更大的力量，你想不成事都不行，你想不富足都不行。生命的真正价值是在这样的状态里面，不忘大地母亲，不忘更大的整体，我们的生命会很有力量，会很快乐。

认识生命的表达

——生命的本质是爱

核心提示：

人们总习惯给生命附加一些主观的意义，才觉得生命是有价值的。这恰恰忽略了生命存在的本身价值，把生命当成了达成自己愿望的工具。

生命的本质是爱，这不是一个定义或概念，而是回到生命中去体验：生命为什么能够存活下来，那个最本质的东西是什么？当我们对所有的生命进行观察时，这是我们要讨论的核心话题。

第一节 发生与感觉

一、没有选择，只有发生

1. 你思考过人为什么总在“选择”吗？

不要急于寻找答案，给自己个机会感觉一下，让寂静的生命回应你。此刻，是茫然、不知所措，还是又在想着什么是答案，或静静地感觉观察自己？

你思考过什么是选择吗？人处在什么状态与选择相应，选择的背后在掩饰着什么？在选择的状态中，是不是可以什么都不做了？

2. 选择的状态意味着什么？

请你感觉一下：那是不是迷茫的反应，那是对你的窃窃低语，你听到了吗？它在告诉你可以什么都不会，可以推掉一切责任。

大家体会一下，人在选择的时候是不是非常无力，是不是潜在的有一个“对话”：要符合我什么，才会被我接受。选择是在自我的设置当中玩着非现实的理想游戏。其实，他是真的不清楚想要什么的。一个对于自己要什么很清楚的人，是不会把生命消耗在选择当中的。退一步想想，我们为什么不质疑吃饭、睡觉这些事？因为你知道你需要它。

3. 选择的本质是纠结心态。

当我们缺乏行动，生命的表达被阻遏的时候，“选择”就会跳出来掩盖所发生的事实。那是一种隐痛的感觉，因为生命没有选择，只有发生。

在生命的旅途中，事实上没有选择，只有责任。当你选择了，就要负起那份属于你的责任。如果你不选择，也是一种选择，你要负起不选择的责任。无论你用怎样的借口逃离，其结果就是在放弃掉自己生命成长的权利，过着精神上乞讨的生活。执意的选择是在掩饰和逃离内心的伤痛，忽略现实的发生，所以说，选择往往伴随着痛苦。能善用“选择”的过程是澄清自己想要什么的机会。生命的绽放不是在选择中完成的，而是在积极面对现实和体验生命成长后的沉淀。

二、重新发现“感觉”

提示一：我丢了什么？

我丢掉了“感觉”。从根本上讲，“感觉”是人与生俱来的能力。胎儿阶段，是以感觉能力与父母和自然界交换汲取信息能量的。感觉能力是整体性的。它是生命的导航仪，也是调整方向的航标，更是契入回归生命的途径。丢掉感觉能力，人必然会迷失自己。

你思考过没有，感觉是如此的重要。心理学对于感觉的定义：感觉是一切心理活动的基础。我们要经常去感觉自己的心理，而你的“感觉”是什么都不知道，怎么会对自己了解呢？

你去感觉胎儿在子宫里面，那么美！他肯定不缺氧，肯定身体各个方面很舒适，有水柔软的陪伴，有妈妈心跳的节律，有与大自然没有障碍的交流。我们难受的时候，经常会自己躲起来，那种躲往往也是本能的，是因为他要回到胎儿时期找到那份美好的感觉。

由于我们不能全然地活在感觉中，被感官控制了，身心处于分离的状态，让我们只能看到事物的表面，无法真正体会到内在的发生，所以面对现实生活中的人、事、物常常处于迷茫、不知所措的状态。了解了这个事实，就会在感觉的层面下功夫，回到感觉这个系统，那种整体性、一体感就会自然发生。

提示二：为什么隐化了感觉能力？

婴儿随着感官的发展，进入了感知的体验，使感觉能力隐化为感知觉能力，活进了具体的感官世界，或叫记忆的世界，迷失了本然的生命。正如《道德经》中所讲，“五色令人目盲，五音令人耳聋，五味令人口爽，驰骋畋猎令人心发狂”。

人从1岁多点，就渐渐地从感觉系统退出，进入感官系统，以感官与外界交流，形成了感官世界。感受能力的不断增强，使好恶取舍的意识吞噬着感觉能力，感觉能力只能隐化为各种提示。比如在面对一些重要事情时，人是有一种感觉的，但往往被强大的想要、推理压制掉了。但感觉能力仍然顽强地躲在生命的角落里提示着我们，它的出现可能是在身体的难受或梦境里……

提示三：感觉能力的重要性

“感觉能力”属于先天的根本能力。这种能力是极细至微的，能够连接更大的整体，使人获得更大的能量。感觉能力的娴熟自如，会与外环境浑然一体，迸发出直觉。人的直觉是洞见真相的“激光钥匙”。

感觉能力是我们与一切事物连接的根本，在感觉的状态中，可以穿透感官上的种种障碍和经验意识，进入存在的真相。

之所以说感觉能力是先天的根本能力，是因为它可以带我们回归生命的系统中，包括人、万物、天地、宇宙……

第二节 人的两种根本能力

天地造化了形形色色的万物，每一个物种都是对天地造化的回应和表达。比如，有水就有鱼，有土就有草，有草就有虫，有虫就有兽。它们既用生命回应和表达着天地的造化，又彼此相互孕育，连接成一个大的生物整体，使地球富足丰盛。但由于人的根本能力的隐化，阻碍了生命间的连接，所以人类使自己匮乏。

人就像一棵大树，有根才会枝繁叶茂。什么是我们的根呢？一方面是能力，一方面是心智。在能力方面，各种能力的发展与两个根本能力有关，即先天的感觉能力和后天的观察能力。在心智方面，一切的发展根源在于爱。

一、先天感觉能力

提示：先天的感觉能力是人安身立命的根本。无论什么人，处在什么样的位置，是否能活出与之相匹配的状态，都是由感觉能力显现的程度所决定的。它虽然无形无相，但精准精确的程度从没有偏移过。古人所讲的“差之毫厘，谬以千里”的“毫厘”就是指的感觉能力。《道德经》中所讲的“不出户知天下，不窥牖见天道”也是对感觉能力发挥到极致的陈述。由此说来感觉能力既是回归生命的途径，也是踏向人类智慧的阶梯。

人如果没有感觉能力，对大背景不清楚，必然会迷失在极小的圈子里边。本书特别重要的一点就是让我们真正感觉到更厚重的大背景，生命才会真的恢复活力。如果大背景都没有，就会非常迷茫。可能你在某个领域上会取得一点成绩，但是从活出生命的高度上，这只是一个工具，不是生命的目的。所以现在有的人得到很多，但不快乐，因为没有活出自己。

我们稍加观察就可以发现，感觉能力好的人往往能够在一个更大的整体当中摆正自己的位置，在面对错综复杂的境遇时能够有一个冷静、沉稳的态度，因为他能够看到深层次的关系连接点和把握工作的切入点。

有的人在团队中能够感觉到别人感觉不到的事物，团队是在他的生命里运作着的，很立体和直观，所以在处理问题时就表现得挥洒自如，游刃有余。也有人常常抱怨说，自己这辈子上学没遇上好老师，工作没遇到好领导。从根本上说就是从小没有很好地感觉父母，感觉退化使他活进感受中最终封闭了自己。感觉能力弱的人很难和别人相处。

无论是谁，所有的现状都取决于你的感觉，你感觉是快乐就是快乐的，你感觉痛苦就是痛苦的，你感觉能行就真行。那么，我们为什么不敢去感觉那些美好？是因为感觉能力的退化使我们被感官能力所绑架。当人浮在这个缺根的表层上，就会失去自信，活进分离感中，只能把自己藏在恐惧的状态里。

有感觉陪着你是很美妙的。感觉不是神秘浮夸的，是真的能够去听生命内在的声音。所谓的幸福，也是从感觉来的。什么是幸福？从关系来说，如果两个人总是在彼此感觉相知的状态当中，那是一种真实的幸福。

感觉能力就像个扫描仪，能够告诉我们很多信息，最重要的是它能够连接生命的厚重。

二、后天观察能力

提示：后天的观察能力从两方面说：一方面，它既是感官系统联动的启动枢纽，又是契入思维程序的入手点。有了观察能力，它会确立观察的点。有了观察点自然会进入专注的状态。有了专注状态，自然会摆脱意识层面的记忆干扰，进入思维的状态，大脑处于回应的状态，生命处于体验的状态。通俗地讲，人是鲜活的。

另一方面，当人在观察过程中确立观察点，依次会启动分析能力（外在的对比）、思维能力（内在的辨析）、判断能力和解决问题的能力，这一切是自然发生的。没有观察点不称其为观察，叫“看”，或叫“浏览”。那是活在满足感官的世界里，被感受所控制，人处于封闭的重复状态。

古人讲耳聪目明，就是说对事物有着一份如实的敏感，能进入看到、听到的反应状态。在观察事物的时候，有一份专注。有人问专注很重要，怎么培养呢？这个回答不是别人给你的，当你能够进入观察的程序，答案会不求自得。

举个例子，有个1岁多的小孩有捡垃圾的行为癖好，垃圾堆了半个屋子。如果悄悄给她扔了，她会哭得死去活来，怎么也哄不住，哭得没劲儿了才罢休。妈妈说做过心理咨询也没有好的方法和效果。

我告诉她一个很简单的方法：每次出门的时候，跟她聊天，指给她看路灯或其他成列的标志物，比如同样的路灯、门窗、广告牌、景观树等。有了观察点，就进入了观察的程序，自然就有了专注。同时对孩子说：“这是路灯或这是一棵树，你看前面还有一棵这样的树，你看哪里还有同样的树啊？”这种定向有序的观察会使杂乱无章、追声逐色的状态进入专注状态。有了这份专注，人的逻辑思维就会逐渐形成。这个小孩的状态只用了四五天就转化了。所以，看似简单的方法，它是基于对人的了解。

再比如，小孩看见这个是苹果，那个是梨，确立了观察点。在比较的过程中有了一个深刻的记忆，同时他内在会有一个辨析，这才形成了一个整体。所以从确立观察点开始，他依次可以启动分析能力、思维能力，还有判断能力和解决问题的能力。这一切是自然发生，一气呵成的。

观察分为广义和狭义之说。所谓广义就是指本能的观察习惯，正如《大学》所说：“缗蛮黄鸟，止于丘隅。子曰：于止，知其所止，可以人而不如鸟乎？”

狭义的观察，是以两个要素为背景的观察：一个是观察点，也就是清楚为什么确立对这个的观察。二是所观察的对象和我到底有什么关系。

狭义的观察，就是具体观察，具体观察有两个非常重要的要素，要把这两个要素作为你的思维背景。也就是说，如果你没有这两个要素作为思维背景的话，都叫“看”而不叫“观察”。这两个要素是什么呢？一个就是特别清楚我为什么确立对这个做观察。比如女生有购物的习惯，很多人买完东西回来以后会后悔。这是因为你不知道为什么对这个进行观察，你是活在了广告里面和“别人穿着挺好”里面。如果确立了“我为什么要对这个东西进行观察”，这一刻是在你这儿发生着。再一点，我观察的这个东西到底和我有什么关系。这个思维一旦形成了，会特别的直观。

我们知道了观察能力这么重要，以后就提醒自己要有观察点。而且要清楚我为什么确立这个观察，以及这个观察到底和我有什么样的关系，让自己的生命真正在发生的这儿。

大家慢慢地体会，只要不抵触，相信你的生命已经记忆了。在你的现实生活当中，所接收到的会“砰”地一下跳出来。因为我没有讲别人的事儿，都是讲的我们自己。所以你不必用脑子记，相信你的生命都在轻轻地记着。

第三节 生命的本质是爱

当我们真正对生命思考的时候，都会问这样一个问题：“生命的意义到底是什么？”我们带着这个问题去观察人类的意识和行为时，会发现不外乎有三种生命状态：一是吃喝享受和传宗接代；二是活进父母和社会认同的标准；三是放下一切去找寻所谓的“真理”。

这些只是生命生存的状态，或对所谓“思考”的认同，并没有真正去感觉“生命从始至终就在表达着生命的意义”。如果从这个视角去看待生命，那个“意义”就会被发现。每个生命来到这个世界都有一个心愿，就是“用我的生命表达爱”。在现实生活中无论发生了什么，人的内心深处都是为了追求这份美好。

其实小孩从一出生就在表达着他的生命的意义，但我们通常不是这样看的，我们认为小孩什么都不懂，而事实上给人类带来最大的生命力和最快乐时光的就是小孩。

家人或是同事之间的不和气，往往都是在说：“你看我对你这么好，你怎么不理解？”“我原来是这样子的，你怎么就不能体会呢？”那里面深层次的是不是都是爱呢？只是我们还没有学会去体会那份爱、表达那份爱。所以说，生命的本质是爱。

一、爱是深层次的关注

爱不是给予或满足，而是基于深层次的关注。它会带你进入生命的真实发生中。那一刻，“你（我）”被爱融化。

请允许自己去感觉：那个让你不开心的人，在他那里到底发生了什么？

在我们的生活当中，曾经有过这样或那样的不开心，我们常常会认为这个不开心是别人带来的，或是哪一个人对不起我。现在会浮现出谁？请允许自己去感觉这个让你不接受的人……

在他的生命里到底发生了什么？他这样在表达着什么？或许他真的不会表达，或许他很渴望你对他的帮助和支持，只要你真实地去体会他，你的那个爱就会被触动。你体会到了吗？

提示一：爱的特质

神圣感：无法超越；
寂静感：回归感觉；
超然感：独立专注；
完整感：自然流动。

神圣感：每个人都有着独一无二的内在设置，这将成为每个生命的权利。只有自己愿意改写这个设置，才有可能变化，别人能做的只是敬畏、尊重、臣服和祝福。

无论人的生命状态呈现什么样子，都是在表达着生命的权利，这一切就是符合它的。每个生命都是遵循着其内在的生命设置走完它的生命历程，我们只有直视和面对这个事实。如果我们存有改变它的幻想，冲突和矛盾就开始了。让一切都符合自己是极不现实的孩子的想法，在这点上几乎每一个人都需要成长。学会敬畏、尊重、臣服，才真能够允许和祝福别人。

请大家慢慢回到自己的生命当中，静静地感觉一下我们是怎样失去这种神圣感的。当我们面对一个熟睡的婴儿，我们能做的是允许他表达和静静地欣赏。现实生活中，我们也会看到很多难以接受的人或事，那一刻我们是不是还能带着这份神圣感去了解他、体验他？每一个人的内心都有着一份神圣，当我们要求别人时，是不是这份神圣就离开了我们？当我们想让别人按照我们的想法去做时，是不是那份爱就被切断了？你也可以带着生活的背景和困惑去静静地体会，当你能够尊重别人的时候，你就与那个神圣感在一起。

寂静感：爱是生命的中心，当我们失去了对自己的感觉，就无法体会到爱。

50年前的人，很容易满足，很容易有幸福感，而现代人为什么不容易有幸福感了呢？是由于生活的速度太快了，是自己陪自己的时间太少了。因为“爱”在生命中心，当你离开了自己，没有机会和自己在一起，“爱”也被关在了外面。

大家静静地体会一下生命的宁静。你只是静静地看着自己，“我是存在，我是存在……”所有的一切都是这样的一个存在而已。完全回到感觉自己生命的状态中，看到自己在这儿坐着，进而慢慢感觉到周边更大的空间，乃至于整个宇宙。当带着这份宁静，感觉到自己，感觉到别人的存在，我们的内心被震撼着、感动着。这一切都来自于宁静。

超然感：爱是没有杂质，也不会被任何所干扰，它是独立的。当我们专注的时候，就在走向爱。专注是与爱连接的途径和能力。

现在人们最缺乏的是一份专注。不管你是工作、学习，还是爱你的孩子、爱你的妻子，所有你要做的事情，都需要这份专注。如果没有了专注，生命将是分离的。当一个生命是分离的，内在的恐惧必然出现，在那个状态里面，不会有爱。

静静地体验，允许自己和自己待一会儿，无论快乐还是不快乐，只要给你一个空间，和它待在一起，那都是一份宁静、一份专注、一份超然。宁静和超然不属于皓月当空的夜晚，也不属于无波如镜的湖面，它是一种人生的境界，是可以接受一切的存在，与一切的存在在一起的境界。那个就是爱。

完整感：当我们能够觉知到自己处在找寻、抗拒、争辩、期待……的分裂状态时，完整的生命就开始了。

看一看，这个找寻、抗拒、争辩、期待，是不是在我们的生命当中比比皆是？如果是这样的状态，生命就是分裂的。失去了完整的生命，怎么能够感受到爱？

请大家回到自己的生命当中，来体会一下放下对立的完整的生命是什么！

假如现在一个突如其来的声音冒出来，会不会又起了评价？看一看自己最不喜欢做的事情是什么？在这样冲突的心态下，爱会在哪儿？生命就是让我们不断地去感知自己是不是又离开了自己。

如果你能时时觉知到你在抗拒，而没在接受，你就回到了完整的生命状态里，你会发现爱。包括此时此刻，当慢慢地静下来，看我们是不是还有一丝的抗拒，一丝的不愿意？……

提示二：看到爱

在我们的生活当中，会遇到很多不如意甚至是悲惨的境遇。通常人们会抗拒这一切的到来，而恰恰就是这些抗拒的情绪，侵占和剥夺了我们看到事实的机会。

所以我们的生命就会慈悲地不厌其烦地重复放映这些境遇，直至让我们学会看到事实和接受事实，跨向人生的新境界。这就是爱的表达。这个旅程有很多的同伴，他们是陪伴我们走向爱的人。

在现实生活中，有些人活得轻松自如，做什么都容易成就，而有的人却活得很沉重、很艰难。难道人们天生就有这么大的不同吗？当你带着这个问题去观察，会看到人都活在地球上，所面对的人、事、物大同小异，只是有的人在经历中真正感觉到了被自己的抱怨、指责、期待、发泄等绑架的过程，体会到每个关系都有一个支持的点，那就是爱，所以他们会勇敢地面对发生的现实，在“允许一切发生”的前提下为自己营造成长的空间，去超越捆绑自己的各种模式。

相反，有的人则带着一颗没有长大的心——抱着“符合自己的条件都具备了，自己才能去做什么”的心态，躲在角落里极敏感地窥视着周边的错综重叠、穿行涌动的动感世界，找不到自己的踏脚之地。这种“符合什么才会怎么样”和“寻求着什么”的心态，让人远离现实，进入了被边缘化的境地。事实上，所有的发生都是在你敢于跨出那一步时出现的。也就是说，尊重“是什么就是什么”，在停止内在对话那一刻，你开始承认自己、允许自己、接纳自己，在你感动自己的同时，体会着爱的流动。

提示三：拥有爱

爱就是生命的中心，当“你（我）”不在的时候，爱会自然出现。

为什么说“爱是生命的中心”，是因为每个生命都作为整体生命的一部分在延续着，所以，在延续的特质中有两个非常重要的因素，就是允许和祝福。在每个生命的血液中都流淌着这个特质。

在人的关系中，无论发生什么样的痛苦、忧伤，甚至暴力，都不过是想得到那份允许和祝福。那些看似凶恶的人，其实内心往往是非常脆弱的，他们太想回归那份原本属于自己的允许和祝福，却在做着南辕北辙的争取，因为他们不知道自己真正想要的，迷失在错乱的表达中。

如果我们对生命有着深刻的了解，就会带着允许的心态，看待一切的发生。你会发现所有不顺心意的只是建立关系的过程，和表达爱的不同方式。你会感悟到独立的个体生命是不存在的，生命是一个大的整体，这个整体就像宇宙一样的浩瀚，所以尊重一切的发生就是在尊重自己的存在。你的现状是在表达着你对尊重的理解程度。

允许生命间的不同形式的相互陪伴，就是超越和跨越那些控制我们的模式，这是一个非常美妙的机遇和机会。所以，从人类意识整体发展的角度讲，这也是人类共同的超越物质发展阶段走向精神提升的时代。

二、对生命整体的关注是爱

谈到生命一定要站在整体的视角上，才是承认这个生命的存在。人的痛苦往往不是某人某事带来的，而是以封闭的视角孤立地看待生命造成的。就人的生命而言，从根本上讲是自然所造化，父母所养育，生命展示的过程是不断的调整，回归到“生命为何而来”的根源上。只要每个生命回到属于自己的位置上，生命所有的能量都会被激发、调动和展示出来。例如科学家霍金，他的身体不及常人，但他的精神领域像宇宙一样浩瀚，他以物理视角揭示着这个物质世界的本质。他的这种精神表明人可以超越身体的感受，尽情享受精神世界的独立所带来的富足。再比如，一些乞丐或街头流浪艺人，可能有人会用鄙夷的眼光看他们，那是由于人们不允许自己是这样的，然而就那些人本身讲可能是乐在其中的，因为他们承认了自己，精神上的黑洞不存在了，这也是一种富足。

提示一：青春期之前切忌拔苗助长

人的生命从整体特征上分两大阶段。第一个阶段是生长阶段，是指从怀孕到青春期。在这个阶段中，一方面是透过生命的生长过程，把宇宙地球所给予的各种潜能激活。另一方面，是连接父母所给予的各种遗传因素。所以这个阶段可以称作生命的准备阶段。

在青春期之前，要重视了解遵循孩子的生理心理发展规律。因为生理是生命质量的基础，心理是生命品质的基础。在生理方面，鼓励参与多样化的运动和活动，增强身体的运动记忆，促进生理机能的协调发展，这样才符合孩子精力旺盛、肢体自如舒展的生长特点。它会给孩子带来不畏惧困难、敢于探索挑战的生命品质。在这个过程中，也会给孩子的心理带来极大的满足感，这种身心统一的发展，不是感官享乐所能代替的。

从教育的角度讲，首先要从整体上了解孩子的身心发展特点，而不是就事论事。比如，有些家长会说，我们家是男孩子很难带，要是女孩子就好一些。其实这是面对自己的困惑找了一个由头，如果不是困在难带上，就会看到难在哪里。

带孩子实际上是带自己，如果能够在带孩子的过程中了解你自己，你和孩子之间就会顺畅。真正卡住你的东西，不是外在的人或事，而是你抱着被卡的感受不放，没有真正了解发生的事实。

提示二：青春期之后切忌急功近利

另一个阶段是成长阶段，是指青春期之后。这个阶段，一方面反映个体生命与整体生命连接的过程；另一方面是整合、理顺、连接各种关系，向更大整体返归的过程。展示出的生命状态，是与不同层面整体连接作用的结果。这种连接，有着双向调节反馈的作用，促使生命不断地向更大整体返归。

青春期以前的孩子是在漫无目标的玩耍中使身体各方面的机能得到发展。青春期之后人们才开始重视关系，学习有关系的相处。孔子说“十五而志于学，三十而立，四十而不惑，五十而知天命，六十而耳顺”，是因为我们的先人们非常注重生命本然的发展规律，展示出的生命状态是与不同层面的整体连接的结果。比如，在小的时候，他和父母这个整体连接得很好，当他走向朋友圈时也会非常好，再走向社会圈时也会非常好。生命状态是什么样子，取决于你与不同层面整体的关系的连接。这种连接有着双向调节反馈的作用，促使生命不断地向更大整体返归。青春期阶段就是开始学习连接关系的阶段，这个状态伴随着一生。

人们往往不了解这个规律性，青春期之前，常常是拔苗助长，使儿童不能持久发展；青春期之后，常常是急功近利，使英年早逝，破坏了这两个阶段生长和成长的本来状态，使得生命匮乏，阻碍了一体化的生命流动。

一体化就是说，人成长的几个阶段是整体的。如果在某一个阶段戕伐太过，下一个阶段就会匮乏。

大家一起来体会一个游戏。现在请大家伸出你的两只手，分别和两个人的手拉在一起，在场不管有多少人，如果都能连上，就是一个大圈。我们生命就是不断地连接这个圈，你的生命要想有力量，就要不断把这个圈拉起来。先学会拉爸爸妈妈的圈，然后学会拉更大的圈。当你的一只手停下来，你的一半价值已经没有了。这个圈一旦拉起来会非常震撼，那一瞬间你已经不是一个人，你是整体中的一员，流动的能量会让你感觉到生命原来如此的壮观。

我们的生命都是潜在地在寻找，因为我们的那只手还没有搭上，比如和爸爸妈妈没有搭上，和爱人没有搭上，和儿女没有搭上……我们会觉得很难受，但是又不知道为什么。生命本身的意义就在这种连接上，要学会建立关系，而不是中断关系，那时候就能体会到关系就是你的价值。所以说，大家要好好体会，把建立五个关系的意识真正放在心上，你的生命将会不同。

三、对生命具体的关注是爱

提示一：增强了解意识

“了解”不同于知道。了解是鲜活流动的，是关系中最重要的品质，没有了解就没有关系。

我们往往习惯于说“知道”。知道是什么？是回到自我，重复固有模式，中断关系。就像把自己扔到了很难再被触碰到的角落，活进非死非活的状态。认识到这点很重要。

这是不是我们意识当中的一个死角呢？我们经常说“我知道了”，很少说“好，我了解了解吧”。仔细体会这两种回答在内心的感觉一样吗？是不一样的。这个“知道”和“了解”是“差之毫厘，谬以千里”的。“知道”的状态是内心的死角，会堆积很多让我们无法承受的压力和重担。我们习惯于把那些无力的情绪都打包在“知道”里而不再行动。

提示二：增强跟进意识

信息时代的特点，就是太快了，人常常处于应急状态，也就是浏览式的荒芜状态。“跟进意识”就是让我们超越繁杂信息的干扰，回到关注尊重事实的发生上来，使思维定向有序，身心处于专注状态。这是人重要的品质之一，是成人成事的基础。

什么是跟进，怎样跟进？比如早晨起床后随即叠被子、吃完饭洗碗就是一种跟进。如果我们起床以后任由床铺乱糟糟，吃完饭顺手把碗扔桌上，做完一件事后随意散乱，这样的状态，人的生命会有活力吗？

当我们有跟进意识，无论做什么都明了下一步，会明白《大学》中开宗明义所说的："知止而后有定，定而后能静，静而后能安，安而后能虑，虑而后能得。物有本末，事有终始，知所先后则近道矣。"

体会到了吗？如果我们做任何事情的时候，都清楚开始是什么，过程是什么，结果是什么；这个结果和我最初想要的目标是不是一致，当一个人的思维形成了这样的缜密、跟进的状态，任何繁杂的信息都不能侵蚀到你。我们现在之所以被这些信息打劫，就是因为没有跟进的意识。意识从本质上讲只有两个功能，一个是输出，一个是输入。它起到的是一个方向性的作用，如果被喧宾夺主了，任凭繁杂的信息调遣我们，就会乱套。如果能够有跟进的状态，人就会形成定向有序的思维，这种思维的特质是与发生的事实同在的。

提示三：尊重事实意识

所谓人与人之间的争端、矛盾、冲突，往往是活进了非现实的分裂状态之中，从而强化了人的距离感和恐惧感。在尊重事实的发生中，自然在剥离附着于事实上的各种控制模式。

所谓人们对于事物的反应，往往与储存在意识中的经验信息有关。比如说，看到了某人马上就会让你联想起他像谁；或者听到某个人说了一句话，就会让你联想曾经听人说过。

大家体会一下，这种状态是不是已经打劫了发生着的事实。所以，人与人之间的常态往往都是在自己的经验信息里说着自己想说的话。彼此的这种互动只是挑动对方信息库的过程，没有真正做到主动觉知地了解对方，因此彼此的交流就会出现障碍。这种基础建立起来的关系，带来的就是争执、矛盾、冲突，怎么会有"爱"呢？

"爱"的关系如何建立？如果能多了解、多跟进，尊重事实发生，会发现爱就在那里。原来“爱”是被那么多的东西压在上面，我们感觉不到它了。换句话说，这三点可以说是人的品质，也可以说是走向“爱”的路径。

本讲小结

幸福不是外在的成功，是对生命的尊重。也就是说，生命的价值和意义就是用生命如实地表达生命。允许和接受生命所有的发生，但绝不是以此为理由的放纵。

放纵就是我必须要这个、要那个，而尊重生命的表达是你在“我非要这个、要那个”的时候，带着一份觉知清楚地知道自己的状态。生命在表达着“非要这个”的时候，你清楚地知道在表达着“我非要这个”，绝不是什么都不清楚的放纵状态。这是对生命的尊重，是基于对生命的不断了解。

当你了解了生命，生命就会告诉你它需要什么。不断地敞开这个途径，你就真正学会了爱自己。一个爱自己的人是有力量的人，因为他可以把爱传播给更多的人。

生命的回归

——幸福之家

核心提示：

归属感是人与生俱来的天性，从根源上讲男人秉承着宇宙开放的能量，女人秉承着地球创造的能量。能够圆满地回归这两种能量，就活出了生命的精彩。

无论发生了什么，那是生命状态的自然返现，它在提示着我们：你忽略了自己。当你能够回过头感觉一下我们的生命，静静地和它交流，就能体会到生命内在对你的支持和帮助。

无论是天灾还是人祸，最起作用的是谁，最感人的是谁，最有力量的是谁？人性！人性就在我们生命当中，原本就在那儿。没有必要去到处寻找，那么费劲消耗着生命，最后丢掉的就是自己。

第一节 超越时空，活出生命的精彩

一、活出生命的本有潜能：终极需要

1. 你思考过人生命的终极需要吗？

你回答的是“生命意义”吗？还是想说“寻求解脱”呢？或许你的回答是寻找“自我的超越”？也可能你没有思考过这个生命的议题。

怎样的回答并不重要，重要的是我们有机会共同直面这个议题。这点最值得我们为自己喝彩。

前面四讲所提的议题的核心，就是为了让我们共同探索生命是什么、生命的“终极需要”是什么。一个人对自己都不感兴趣，其他的兴趣从何而来？我们喜欢把身外的东西当成自己，并不是什么不该或错误，而是生命的成长必须经历的过程。本次幸福课的真正意义就在于能给自己一个机会，去直面人类共同的议题——终极需要。

当我们对这个议题真正发生兴趣，人的许多困惑就在脱落。

2. 弄清终极需要意味着什么？

因为人是借由群体而存在的，所以会去迎合群体的诸多制约，由此导致了人们千姿百态的需要。如果回到生命中，那个需要只有一个，就是生命的终极需要。它是统一、协调、平衡一切外在需要的根本，也是生命绽放的根本保障。

通常我们所说的各种目标，其实都属于群体共存需要的范畴。人为了生存的需要，不敢冒犯违逆一些制约，压抑否认自己的需要，并给它穿上华丽的外衣，用美丽的想象和正确的观点、概念来粉饰。久而久之，连自己也搞不清楚自己想要什么，生命活进了表里不一的自我分离的状态中。这种自我迷失造成的内心恐惧，使人拼命想抓着什么让自己感到片刻的安全。

比如，有的人以为有了钱一切就会好起来，所以就拼命地赚钱。当赚钱的愿望达到了，又会尽情地挥霍来满足“自己以为的需要”。在这些满足中，不但一切没有好起来，反而内心的空虚越来越大。这就是为什么很多人达到了所谓目标，却更加迷茫，又会以怪癖或“高大上”的行为来显示自己的存在。这种潜在的“不知道自己需要什么”的困惑，会再次促使他们寻找新的目标。

人类重复着这种迷失的状态，是因为忘记了倾听生命的需要。其实，那个“需要”的感觉是来自生命的，那份“找寻”是生命内在的提醒：人的一切“需要”都无法代替生命的终极需要；一切“找寻”最终都指向生命的终极需要。生命的终极需要是以尊重生命为根本，以"允许一切发生"为认识生命的途径。确立了这样的人生方向，那个圆满的生命就开始了，它可以平衡协调诸多外在的需要，最后达到生命的内外统一、灵动、和谐、厚重。

3. 什么是终极需要?

终极需要是生命的本然需要，在那个需要中，完全遵循着身心发展的规律而自行取予。生命内显喜乐自生，心想事成；外显皆大欢喜，丰满富足。在终极需要的状态里面，人会轻松、自然、率真、专注、愉悦。

物质文明意味着什么?

物质文明让我们在享受着科技发展、生活便捷、物质丰富的同时，也正在发生着一个事实。那就是电脑在代替人脑，物质的人正走向虚拟，出现了人的意识在强化、思维在僵化、能力在退化、行为在惰化的现象。互联网时代将人的意识和想象发挥到了近乎极致，但这并没有给我们带来真正的幸福，包括家庭的和谐、社会的安宁，相反，许多人更是显得无力和冷漠。

科技的进步解放了生产力，但很多人的时间精力并没有因此而得到放松，反而更加紧张，以至于窒息。是互联网错了吗？互联网的发展是大趋势，它已成为政治、经济、文化、社会发展的大平台，就像没有硝烟的爆炸式的信息场域，时刻都释放着创造或颠覆的气息。它是人类进化的结果，也是人类回归生命所必然要走的过程。人类意识的超越不会凭空发生，一定是在面对和突破更大的困境中完成的。人类如何与之共舞，值得我们认真思考。

当你听到这些说法时，是不是已经意识到了，这些陈述对你而言也是很熟悉的，无论你说得清楚还是说不清楚，这种困惑是属于大家共有的，我们的生命都在感受着这份气息。在物质发展的过程中，人类意识所围绕的核心，一直以来就是如何满足生存的需要，所形成的意识模式就是找寻、抓取、填补。这种状态的确促进了科技的发展和物质的文明，满足了生存的需要。

如今当人类不再为生存担心和恐惧的时候，我们终于有空间感觉自己了，感觉到有史以来的担心和恐惧，以及没有着落的空虚感。所以说互联网时代不再是以物质满足为核心，而是以生命的内在需要为方向，这是人类发展的规律决定的。那么，什么是生命的内在需要呢？当我们真的想知道这个议题时，它已经开始引领我们走向了解生命、回归生命、尊重生命的道路。人类已不再局限于生存层面的满足或不满足，而是在还原生命的本色，进入意识提升的新时代。

二、完整生命展发的时代

提示一：回归终极需要的意义

“终极需要”简单地说就是生命的绽放，具体地说就是活出生命本有的潜能，体现人类意识的进化。

这不是思想游戏，也不是什么高谈阔论，这是人类面临进化、退化还是异化的现实议题。坚持生命的完整性是秉承于宇宙的自然法则，因为生命的能量是源于这个大的整体。这是任何工具都无法拟制和代替的“人性信心”，是人类超越一切困难的信心所在。高科技的发展有其特有的作用，人的生命绽放也有其所遵循的规律。能否在这点上保持敏感，是决定人类意识进化、退化还是异化的关键所在。

所有的发展只有回到这个根本点上，才有真正的意义。因为它是实现个人幸福、家庭和睦、事业兴旺、社会和谐文明的基础，是人类的共同心愿。尤其是在互联网时代，从根本上确立生命的终极需要，无论是对个体生命的成长，还是对各阶层间利益的平衡，尤其是对人类意识的进化以及社会和谐文明的发展，都将有着根源性的意义。这是我们身处这个时代的人所肩负的历史使命。

以上我们所提出的问题已经不是哪个人的问题了，而是本时空对人类、社会提出的共同议题。发生的事实提醒我们已到了无法回避的时候，只有直视面对出现的种种社会现状，并保持高度的敏感和思考，才是我们唯一的出路。

高科技在不断满足人们愿望的同时，正制造着更多的困境，人已经成了实现这些愿望的工具。也有人会说，这就是人的价值所在，否则，人的存在还有意义吗？

如果说人类的价值和意义是建立在改变外在世界的基础上，那么，恶果已经比比皆是。从改变农作物和牲畜的基因，到三四岁的幼儿出现生理早熟……这难道就是人类所要的价值吗？这样的后果，人类在无奈地“享用”着。人类活进了以“为自己”为名的谎言中，而事实上所做的是伤害人类自身的事。

这个时代人的各种身心疾病，从根源上讲都与人的进化、退化、异化有着直接的关系。总之，物质的发展一方面在满足着人类的生存，另一方面也在真切地提示着人类，去认识重复积累的困境模式，和反思所追求的愿望是否符合自己的本初目标。

提示二：大挑战大机遇

人类自诞生以来，一直都秉承着“终极需要”而发展。它一直都在那发生着，使人突破了人类意识的无数个动荡，最终迎来了互联网的新时代。

“人类异化”是数百年来人们关注的焦点。无论是第一次工业革命还是第二次工业革命，所触发人们的思考都是一致的：是单向追逐物质的发展，还是同时尊重生命本然的特质。所以说互联网时代，是需要人类站在更大的时空背景中，看到事物发展的本质，把握危机中的机遇，真正实现人类意识的超越。

爆炸式的信息场域，把每个人都卷入了时代的洪流，潮涌般的更新换代更是让人始料不及，这是人类面临的前所未有的“大挑战”。这不由得使人想起了法国思想家卢梭提出的“人类异化”的担忧。他的思想之所以对未来产生了不朽的影响，是源于他对生命的深刻了解和认识。

马克思也洞悉到了人类异化现象的后果，提出了“人的本质是社会关系的总和，是建立在生产劳动的基础上，并与自然、社会密切关系的实践整体”。他还指出“资本主义生活方式导致了劳动异化以及人的异化，其价值观在整体上是不合理的”。马克思的价值观是以人的全面发展和人的本质解放为目标的。

在人类文明的进化过程中，劳动的确起着决定性的作用，即“劳动创造了人本身”，因为劳动保障了人类生存的基本条件和需要。在劳动的过程中，人们发挥着自己的体力、脑力，从中得到了物质满足和精神满足。

伴随着人类文明发展的进程，劳动也在发生着悄然的变化，它不再是生命自然需要的发生，而是成了交换的商品和对人评价的方式。人在劳动中不仅得不到自我的肯定和满足，反而成了被强制、被胁迫的工具。劳动不再属于自己，而成了人与人之间相互认同的凭据。人类被这种模式绑架，失去了自由，丢掉了生命的状态。

这种劳动的异化导致着人的异化，使人在不断的剥夺和否定自己中，满足他人的认同。所以，马克思提出的价值观是以人的价值为目标，以人的本质解放为过程，是非常值得人们深思的。

可以这么说，从人类诞生到今天，所有遇到的困难都不及现在沉重。我们遇到了前所未有的挑战，也遇到了重大的机遇。因为我们坚信生命是秉承着宇宙的力量，坚信这个力量是任何东西都不可以代替的。越在这个时刻越要坚信生命的伟大，我们才不会迷失自己。

提示三：完整生命展发的时代

完整的生命是独立的，是在不断地向更大整体回归的过程中完成的。互联网时代的特质就是不断地刷新和重新整合。这个刷新的过程是在打破以自我意识为主导的相对封闭的意识模式的同时，不断地以更大的整体为背景来重新整合。

从这个意义上说，互联网时代是引领着人们跳出自我狭隘的局限，发现制约，看到更广阔的未知，使人类摆脱以往惧怕未知的状态，学会与未来共舞，从而进入真正的精神独立、开放的新境界。由此说来，互联网时代不再单纯是技术革命，而在根本上是一个“意识革命”。这个革命是时代所致，也就是说，是人类、万物、地球、宇宙共同进化的结果，所以这个时代是伟大的、开放的、创造的时代。

我们了解了互联网这个特质，就会自然地懂得自身的发展是在接纳和被接纳的回归更大整体的过程中完成的。在这个打造完整生命的过程中，人类必然要学会敢于交付自己，承认和允许一切的发生。这的确是人类面临的一个巨大挑战，这个挑战是人类对自信的挑战。

这个自信是什么？一定是具备着相信生命、敞开生命，发挥独立感知更大整体的天性，使人进入无障碍视角，把生命自然地放进现实发生中，与时空同呼吸、共命运的天然品质。互联网时代标志着，物质的发展已有了无所不能的趋势。人类所积累的各种固有的生存模式、意识模式及行为模式都在自然地脱落。生命本然的力量开始升腾，展现完整生命的时代终于到来。

回到现实生活中，我们可以观察到，一个被人信任的人一定是自身有力量、敏感，有着全身心投入的状态，他是用生命感染生命，释放出了人的天性，古人把这样的人称为“兆民赖之”，现代人把他称为有“领导力”的人。

这个时代所透脱出的气息不再是高举着什么道德准则，维护着某些群体的利益，求得共存的状态，而是每个人都有机会把内心所想的变为现实。这样的转化过程从外在的现象上看似乎显得无序凌乱，甚至是丑陋浊秽，对每一个人的冲击是前所未有的，但是回到每一个人的内心来看，那种渴望安宁和谐的愿望却与日俱增。人们天然的自我教育意识已经启动，人们开始面对自己，承担自己所必须承担的责任，这种潜在的力量在慢慢地升起。大家体会一下，是不是这样的？

这种势态预示着人类已经开始走向生命不断趋于完整的道路，所以能从本质上看待互联网时代的发展，生命就在不断的接纳中更加厚重博大。这是时代和人类的共同意识所致。换句话说，时代就是这个样子了，身在其中不是人力可为的。只要在顺应中认识和成长，人的那些制约和不良嗜好就在自然地脱落，打破你的固有模式和小我的生存圈，向更大的整体回归。

我们每个人都是这个时代发展的见证者，在我们身上发生的一切，都折射了这个时代。所以，从我做起，把大家所需要的分享出来，就是实现完整生命的过程。大家感觉一下，当代所有的人，你面临的问题也是他面临的问题，所有人面临的问题其实都是一个：时代社会的问题。我们每一个人共同构成了这个社会和时代的现象。那么我们能够做什么呢？

回到现实中，我们每个人都面对着应急的生活状态、荒芜的家庭功能、不安定的身心反应。直视这几个问题，就在直视社会及时代的问题。

为什么人会在这个时代感觉到难以适应？是由于社会变化和生活节奏的加快，使人处于疲于应付、难以顾及家庭、身心急遽不安的状态，这些已经成为日益严重的社会问题。人们如果不能够重视这个问题，身心的基本健康都难以保障，还怎么谈得上其他？所以身心安稳、家庭稳定已经成了全社会关注的重点议题。在这种状态下，化解这些问题，既是对每个当事人的排忧解惑，也是对社会的巨大贡献。

三、提出“幸福之家”的大背景

中国梦凝聚和实现着每个国人平凡而真实的小梦。在这个温暖的大背景中，只要我们所看到的是大家需要的，就大胆地提出我们的梦，并去实现它。前面我们所说的互联网时代的特质，就是对个体的冲击和对相对稳定整体的打破。这恰恰预示着人类正在形成新的共存方式。

提出“幸福之家”是基于对时代发展深刻观察和思考后的具体落实方向。

中华民族是以家庭为支撑点的民族，每个人生存及发展的力量都是在家庭中汲取的。在互联网时代每个人仍然渴望得到实质性的支持，并体现自己的价值。但这个渴望已经不能在原有的血缘关系中得到，所以每个人都在积极创造着更大的生存和成长圈。这是一个很自然的过程，人类会从中学到很多，但最终的成果一定是放下已有的意识，回归生命和更大的整体。

你面临的问题就是社会和时代的问题，当你能直视这些问题，你的一句有价值的分享就会影响千千万万的人。去感觉一下，这样的社会是一个什么样的景象。

给自己一个机会，去感觉一下大的时空背景，人类新的共存方式是什么？在这个共存方式当中是什么最能够给你支持和帮助，能够使自己的价值展发出来，在符合大家共同成长的方向上发展？

中华民族复兴的时代已经到来，同时提出了提升整体和个人意识的迫切需要。幸福之家的孕育和出现，恰恰是民族复兴、文化复兴和互联网时代新的共存方式的一种载体形式。

人类在打破稳定的旧模式，形成新的共存模式的过程中，既要有温暖的大背景，也要有符合生命终极需要的具体支持。幸福之家就在提供着生命成长的切实需要，它是身心安稳、社会和谐的稳压器。

人类意识动荡的影响，使社会形成了不同的文化、理念、追求。如何在事实的发生中澄清事实，认识到在真正的困境面前，只有回归生命才能获得永恒的支持？幸福之家正是立足于思考自己的生命发展，来看待每一个面对着的人、事、物。

幸福之家已经精心准备了近30年。在广泛深入的实践中，给了很多人实质性的支持和帮助，得到了社会广泛的赞誉。在这个成长过程中，凝聚了众多人的心血。由于它是基于对人类整体意识行为模式的观察和思考，所以深刻地认识到生命终极需要的魅力。

创建符合生命绽放的身心内环境，是确保任何事物健康发展（包括生命绽放）的基础，它是以身心的稳定和谐为保障的。这种稳定的积淀是在家庭背景中完成的，是在工作和学习的环境中固化和展发的。幸福之家就是在立定这个身心安稳的根基。

第二节 实体形式的幸福之家——心归乐园

一、幸福之家是这样的

幸福之家是美好愿望的凝聚，是你给予和收获的地方。它的温馨，会唤醒你细腻的感知和感觉爱的能力，激活并焕发出生命的各种潜能和力量，使你的思维、意识、行为更加符合连接整体关系的需要，回归生命的本然。

正源家庭教育中心是由民政部门注册的法人单位，它承担了国家教师科研基金“十五”“十一五”“十二五”重点课题的研究，“清华幸福课”所讲的就是这些课题的系列研究成果，它凝聚了正源家庭教育中心所有教师的心血。

“心归乐园”是正源家庭教育研究机构的所在地，它在数十年的研究中把中国古典文化和身心修养传统与现代应用心理学技术相互打通，提出一切以“心”为本，其特点是“时时用心，处处用心”。更贴切地讲，它把《大学》所讲的“格物致知”切实地演绎成了“经典生活化，生活经典化”的现实，在自然的浸润中使一切优秀的文化成为生命的组成部分。

心归乐园全面践行着生命成长教育。所倡导的家庭教育，是围绕着生命成长而展开的。在这里将生命成长的要素直接还原到生活、工作、学习的过程，形成一体化的教育模式，给你全新的视角、体验和感悟，使生命灵动绽放。在这里，生活、工作、学习被赋予了新的意义：生活的意义，是用生命的灵动敏感创造出的生命成长环境氛围；工作的意义，是用生命感知人、事、物发展的全过程；学习的意义，是生命被触动、感动的领悟收获。

心归乐园以个体生命为研究对象，以生命为主体，以生理心理发展规律为主导，以澄清生命成长要素为目的，以认识人的生存模式和提升人生境界为目标，以化解不同阶层人的各种“问题”为检验标准。其理论体系主要由八个部分组成：其原理部分围绕着“本性教育”和“整体教育”；实践途径和过程部分是“爱的教育”、“觉知教育”和“自我教育”；具体的方法部分是“生活教育”、“场域环境教育”；教育的成果部分是“创新教育”。

心归乐园是生命成长教育的科研基地，也是第一个践行基地，它致力于把成熟的研究成果广泛地推广于社会，尽可能造福更多的人。

二、生命成长教育的核心价值

生命成长教育的核心价值之一——从思维背景层面认识人的错觉

生命成长最核心的价值就是认识错觉，澄清事实。通常人们所说的“问题”，是反映了人的困惑状态，而真正的问题是看不到事实。如果能够看到事实，就在消融困惑，化解问题。

在人的生长过程中，有一个事实已被忽略掉了，就是前面所讲的人在1.5岁开始的生命状态。这是人生非常重要的转折点。因为它开始把人从真实的生命中抽离出来，人不再用生命去感知事物，而是活进了记忆的片段中。从此，生命在大多数的时间里都被记忆绑架，重复着已有的经验。

只有在非常特殊的情况下，一切的经验记忆都不起作用的时候，生命本有的机制才会自然启动。诸如急中生智、化险为夷等都是生命本有机能发挥作用的结果。

也就是说，我们从小所有的经历都会以各种形式储存在身体当中，比如气味、口感、人的面孔、一个场景的画面等。他们在熟悉生长环境的同时，内心也已经形成了一个无形的固有世界，整个一生所有遇到的人、事、物都会被它拉进这个“大房子”里。不管是对某种事物的喜欢、厌恶、迷茫，甚至是很多悲惨的经历，都是你内心这所“大房子”所需要的材料而已。所有你认为需要的或不需要的，实际上都不是你自己的选择，你只是把内心的图片做了一些链接而已，形成了自圆其说的故事。由于自己是这个故事的作者、主角和读者，所以没有办法跳出来看到这个事实，只有乐此不疲地活进去直到筋疲力尽、奄奄一息。

对于这一个事实是很容易观察到的，我们经常可以看到，一个小孩可以很容易地接受事物，因为他在准备原材料，要盖内心的“大房子”，到老的时候那所“大房子”已经盖得很坚固，就不需要别的了。这就是老人固执的原因所在。由此说来，小孩生命力的旺盛是由于他内心无限的空间所决定的，而老人生命力的退化是因为他内心空间的滞涩和封闭。

可是大多数人并不知道这个“活进记忆”的事实，把发生的现实与激活的经验记忆混为一谈，被拖进了非现实的状态中，以纠缠的形式固守着自己的记忆，游离于事实之外而不自知。

我们在多年的研究中发现，对于这些错觉的认识不只是说一说、听一听、了解一下，你就可以变得不同，而是需要有身心重新记忆的过程，才能转化你身心固有的模式。这就是建立“心归乐园”这个实体幸福之家的价值所在。

生命成长教育的核心价值之二——回归本性，绽放生命

生命成长教育提出，一切教育都应该建立在“了解人是什么”，即符合人性的基础上，这是教育的根本。如果对人不了解，教育就成了主观愿望和维护“自我”正确性的工具，这必将导致人与人之间的分歧和冲突。要想回归生命的本来状态，激活、绽放生命固有的原始能量，必须认识人的内在本性，转化人们通常“向外”寻找原因和力图“解决”问题的思路。

本性教育就是以回归生命本来的自然状态为目的，激活、绽放生命所固有的本原能量，所有的原理和方法都是从此出发又回归于此。所谓本性，是人的生命的自然呈现，是生命的本然。这是无法用后天思维和语言文字去强力表达的，只有我们在生命的整个历程中去尽可能地接近它、认识它、体悟它。

当人的所作所为与本性的要求一致的时候，会内心愉悦祥和、精力充沛、宽容刚毅、睿智机敏。反之，则会莫名其妙地不安、烦躁、抱怨无力、消沉萎靡、暴戾不祥。

一般情况下，人们生活在主观的意识层面，有意无意地忽略了本性。在没有观照和顺应本性的时候，本性力量被阻遏而逐渐积累，到一定程度就会以种种方式发作出来。长期忽略本性，所思所做的就是在伤害生命、伤害自己。生命成长教育，就是要我们能透视生命本来的需求、本来的规律，从根本上时时活在自己真实的生命里。

生命成长教育的核心价值之三——生活中无所不在的教育

生活是生命的自然呈现，不同的生命状态反映出不同的生活品质，生活品质又折射出不同的生命状态。对于生活的敏感也是对生命关注的体现。没有生活，就谈不上生命，更谈不上成长，生活教育是

生命的源头活水。

现实中，所谓理想是人对事物有了深入认识后内在自然升起的洞见，它会引领我们迈向生命感悟的精神境界。它是从切身的、现实生活的需要出发，踏踏实实地完备和历练精准精细的生活品质及各种能力。在满足自身需要的同时看到更多人的需要，使自身成长的过程同时成为兼善天下的基础。如果缺少对生活的观察和深入的了解认识，就不会对生活有真正的热爱。

生活基础在人际交往方面起到的作用更是不可思议，比较相同的生活基础，能快速地消除人与人之间的距离感。生活基础包含两大部分：一部分是潜在的生活阅历的全部积累，在交往中以直觉反映出来并发挥着潜移默化的作用。另一部分是生活习惯、饮食习惯、审美情趣、休闲爱好等。生活基础相近会使人发生难以言传的默契和认同；生活基础相差太大，会形成交往中难以跨越的障碍。

人生态度是人的品质的综合显现，从关注生活细节入手，可以快速转化人生态度。生活是最贴切生命需要的客观现实，从生命的诞生消亡到衣食住行的琐事随时都在发生。以什么样的态度对待，就会有相应的回报。如果我们对待生活的态度是忽略麻木的，它也会一次次重现你无知的结果。能够老老实实地面对生活，就在不断地认识生命的需要，这个过程就是在端正人生态度。观察现实会看到，注重生活细节的人都具有精准精细的人生品质和精益求精的人生态度，生命必然有很强的感染力。

生命成长教育的核心价值之四——符合生命成长要素的教育环境

生命成长教育把符合生命成长的要素转化为场域环境，形成了自然渗透式的教育实践环节和保障机制。它是以人的现实生活为背景（现代的家庭模式）；以环境为依托；以觉知自己的意识和行为为主体；以专注、了解、认识人、事、物为主导；以人的生活、学习、工作为切入点；以了解、认识、感知生命的真实为目的；以全面实现“精益求精的人生态度，精细精准的生活品质，见微知著的全息视角，严谨缜密的思维方式，雷厉风行的身心实践”为总目标；以达到不同层面“人”的身心平和愉悦、精神饱满有力，知“物”的本末、大小，通“事”的轻重、缓急、终始的规律为检验标准。使人与万事万物不断地相通相融，和谐一体，这样营造出来的场域环境，就是在尊重生命的开放性、统一性、吸纳性、自主性的感知觉系统，回归生命自然的宁静，激活、展发弱化了的能力。

场域环境有四个特点和作用：一是一体化的表达。人的语言所传达的信息是很有局限的，而场域环境所给到的是直观立体的，可以同时展现出很多的元素，能够帮助了解人、事、物的内在关系以及规律，在事实的发生中可以协调、平衡、连接各种关系。所以场域环境是实施教育的重要资源。二是尊重人的感知系统。人的感知系统是立体开放的，所以把场域环境设置为可看、可听、可触的教育元素是非常重要的。它有着自然渗透和吸纳的作用。三是教育的天然性。教育从根本上讲，就是对人生命需要的尊重。无论让他学什么，都是要让他感受到收获了什么。那种单纯地强调正确性和为了别人好的教育，很容易引发强化自我和暴力的意识行为，如果将教育因素设置为场域环境，则会比较容易地被人所接受，取得皆大欢喜的结果。四是尊重发生的事实。在场域环境中只有事实，没有说教；只有情景，没有理论；只有感悟，没有理解。弱化过滤了各种信息的干扰，使生命活在真实当中。

三、生命成长教育的核心技术

在大家都被浮躁气息所困扰的今天，心归乐园使人从身心上切实体验到“回归真实，澄清事实，绽放生命”。归纳其核心技术有这么几个部分：转化是从回归内在开始；化解问题起于直面自己；绽放生命是要接受自己；在感知觉知中人才灵动；只有行动着才有可能性。

心归乐园使人真正地体验到身心合一是“对生命深层次的关注”的基础，是每个生命绽放的根基。在心归乐园，每一事、每一物都符合着生命成长的元素，使家庭的场景成为身心合一、生命成长的最有力的场所，让最普通的家常生活自自然然地成为生命持续成长的过程。

心归乐园的一切都是为了使人们呈现出自己完整完结的生命状态，包括：恢复内心的平静、在日常生活中体验真实、全新地看待人、事、物的视角、拥有生活的品质、修复我们的人际关系、财富顺畅、疗愈伤痛、清理身心的负荷、自然喜悦等。

心归乐园从人的广泛需要中总结出了六个系列课程：如何选择合适的终身伴侣、夫妻关系决定家庭和事业、持续一生的亲子教育、青春期叛逆的能量转化、让长辈活在祝福中、财富与心想事成。目的是具体细微地帮助人们，化解在人生不同阶段和层面遇到的疑难，展现生命本有的样貌。

第三节 网络形式的幸福之家

“网络幸福之家”不是空洞的想象，是已经有了丰厚的基础和精心的准备。在你疲惫的时候，它可以给你抚慰；在你匮乏的时候，它可以给你支持；在你困惑的时候，它会陪伴你走出困境；在你快乐的时候，它会给你插上分享的翅膀……这就是你的心上之家。

网络幸福之家是以网络的形式为载体，以对生命深层次的关注为根本，以实现绽放生命为目标，以身心的和谐稳定为宗旨，以彼此的支持分享为主导，以身心愉悦、家庭和睦为检验标准。

落实网络幸福之家的具体途径和方法如下：

一、凝聚有识之士以及网络专业人士参与幸福之家事业发展的组织管理。

二、组织分享幸福之家可以给人切实支持帮助的科研成果。

三、通过网络幸福之家的发展，带动实体幸福之家的形成，使人在回归更大整体中脱落固有的生存模式，实现人类意识的跨越。

四、培训、实训幸福之家的教师和家长。

五、根据社会的不同需求，开设与生命相关联的网络课堂。

“清华幸福课”结束之后，听课的同学们倡议用微信群的形式组建虚拟的“幸福之家”。在微信上，由笔者提出每日的用功点和总结，家人们分享自己的践行实录，相互帮扶，相互鼓励。大家在各自的位置上生活、工作，但生命在这个共享的“家庭”共同成长着，成为网络幸福之家的良好开端。具体情况可参见附录。

第四节 回顾与收获

在全部五讲课程即将结束的时候，让我们回顾一下一起走过的生命体验历程。

幸福是对生命的全然尊重和接纳，回归生命本身，才有真实的幸福。本课程以“幸福”为主题，同时也是以“生命”为主题。由此，可以归纳出以下几点收获。

一、带入生命体验，回归生命的内在和源头。

真正的幸福是在回归生命中发生的。

二、带入看待人、事、物的全息视角和大背景。

如果人缺乏了看待人、事、物整体的思维大背景，他的视角是会偏颇的，自然生命就会局限在某个点上，让人有被卡住的感觉。

三、认识生命成长的历程和内在机制。

对人的爱一定是基于对人的了解，本次的学习全面地阐述了生命的自然生长需要和成长需要。

四、感觉生命的特质是人格的独立和自信。

这里揭示了障碍生命成长的根本：一是身心的不统一；二是人类固有的模式以及家庭的内在动力。展示了普适性的化解方法，更进一步地说明了任何的理论、概念、知识、科技工具都无法代替生命独立体验的价值。

五、认识互联网时代是人类意识跨越的大好机遇。

互联网时代快速的发展，打破了个体生命原有的血缘生存圈。在回归更大的整体过程中，脱落了原有的生存模式，这是时空给予人类快速成长、意识跨越的大好时期。

附录1

现场篇
“清华幸福课”现场答疑选粹

一

男士：我们年轻人大部分在外地，父母都在老家。他们的生活是极其凄苦的，比如刚才我因为有事情，父亲给我打电话，我都没法接。我家中还有一个老奶奶，八十多岁了，一个人住在十几间大的房子里，可以想象这种孤独感。有没有什么办法能够提供一些关爱？

曹老师：这个宇宙很有意思，它是给那些真向它要东西的人回应的。你真的要这个吗？你真的要吗？你再好好问问，你真的想要这个吗？让他们活得快乐，你真的想要吗？在哪儿发生啊？还是你只是在哪儿焦虑、纠结呢？很多情况在于只在“想”的层面纠结，而没有让事情去发生。你真的想要，就按照你真想要的让它发生。

男士：实际上……

曹老师：你先停一停，别跑。当我们被击中的时候本能地就想逃开，如果你给自己一点点时间专注在所提的问题上，你会发现那个答案就在那儿。我们要学会跟自己在一起，真正感觉一下你在说什么。

男士：噢，我明白了，实际上我是活在自己的感受里，并没有真的体会父母需要什么……

曹老师：不急着给答案！人有个习惯，特别急于寻找答案。你现在就停在你问的问题上继续问自己：“我真的想要帮助父母吗？”“我真的想帮我父母吗？”继续这样地问，不是回答我！是问问自己真的想帮助父母吗？你要真想帮助他们，还来问我吗？早就去问他们，或观察他们的需要了，该做什么你会知道的。如果你不去发生，就永远只停留在你的焦虑心态里。让事实发生是告别焦虑的最好方法。

二

女士：曹老师，您好！我有一个很多女性想问的问题。我的孩子在读书，可能母亲对孩子的期望值比较高，我觉得我和孩子有一点小小的矛盾。孩子回家以后总是喜欢先玩再学习，学习完继续玩。我希望他成绩能更好一点，多学习一会儿，复习功课。我想问一下：第一是我该如何调整自己的心态；第二是我如何能够让孩子自觉性更好一点。谢谢。

曹老师：好！很有代表性。还是先让我们回到大背景来看这个问题，孩子是爱学习还是更爱玩儿呢?

女士：我们有承诺，我故意和他一起学习的。

曹老师：故意，故意。你看，故意。孩子对你的“故意”是非常有感觉的。你刚才说了很多，告诉我到底发生了什么?

女士：我觉得我对他有点折磨，他对我也是折磨。我们在一起很痛苦。

曹老师：折磨是问题吗？不是的。它是你的感受。往往我们会被卡在那儿，无法看到彼此真正的状态。你刚才说了一大堆，都是在说你想如何，你能看到他需要什么吗？他已成了你达成愿望的工具了，你可以在孩子的视角上感觉一下，孩子和妈妈是什么关系？是爱。没有了爱， 一切对于孩子都没意义。换句话说，如果孩子不爱学习，就是在用这种方式告诉爸爸妈妈，我感受不到你们的爱，所以我也不会去爱什么，包括作业。这些都是在无意识中完成的。

孩子是最忠实于父母的，你是啥他们就会不折不扣地反映啥。他们是不会因为你的想法或愿望改变的。孩子是陪伴父母走向爱的殿堂的天使。在这过程中，他们会不由自主、不厌其烦、赴汤蹈火地给你重复你最不想看到的自己。直至你愿意看自己，进而学会看到是自己需要爱，才向孩子索取的。这不是说你错了，是在说人类目前的意识就在这个层面，所以才会集中反映这些的现象。要学会爱，就是放下自己的想法，看到孩子是什么样就是什么样的，不再是你认为的他，那一刻他会自由。只有你肯放下内心的排斥，真的感觉到他：哦，原来他是这样的！此刻他也会像你一样放下对抗的心，自然回到感觉自己的状态。只有能感觉到自己，孩子才会独立和自觉。

我能说清的就是这些了，你是不是能够得到，最重要的是你敢不敢承认是自己缺爱，才会看到没爱的世界。孩子只是离你最近的，重复你模式最多的人而已。

女士：我已经感觉到了，谢谢老师！

三

女士：今天听了讲座，我的感觉是这样：我们的很多纠结、困惑，往上站一站，从地球的角度、宇宙的角度看，就豁然开朗，都不是事了。以前我觉得：佛教让人无欲无求，什么都别想，你就打坐、放下，就会得到内心的安宁。我的问题是寻求心里的宁静，该怎么办？是应该越来越松，别想了，退回来；还是不断地往上爬，当然爬的过程很难。您花了20年工夫，不知道我们要多长时间？是应该这样（向上），还是这样（向下）？

曹老师：首先我要澄清你提出的问题。一是，要想无欲无求、放下、什么都不想，才会得到内心的安宁。二是，寻找内心的宁静还需要不断地往上爬吗？三是，很困惑啥时候才能真的豁然开朗。

当我把你提出的问题再梳理给你的时候，你看到了什么？你可以感觉一下，你是在提出问题还是在设置自己啊？对于一个不想行动只靠乱想度日的人来说，这也是一种生存的方式。没什么不对的，对不起，我没有听到你到底想要什么。不过我提醒你要多观察自己，认识自己的固有模式，自己会放松下来的。

女士：好的，谢谢。

四

女士：今天讲座听到您举的两个跟孩子有关的事例，我觉得很受益。有个问题想请教，有一个孩子今年7岁，4岁的时候父母离异，在离异的过程中，发生了很多争执和吵闹。现在这个孩子在人际交往、性格方面有很多不安全感，对人和人之间的交往有抗拒。孩子比较依赖我，我能够做些什么帮助这个孩子吗？就像您刚才说的一样，能够让他拥有这个年龄该有的一个鲜活灵动的生命。谢谢。

曹老师：我在听你介绍时有种感觉，你在代替他的父母。你有一些同情的情绪需要被看见，否则你会把这种情绪投射给他，造成再次伤害，使这个孩子形成自怜的人格，不能独立，在寻求同情中活着。每个人的一生都有别人无法替代的功课，需要自己真正经历后才会学到，这是他成长需要的。我想提出一点，请你觉察自己，那些感受到的到底是谁的？

你有这样的爱心很可贵，但你一定要从内心尊重他的父母和孩子自己的命运，有了这个基础，你就在帮助他。因为无论父母发生什么，都无法改变孩子是他们一部分的事实。如果孩子能真正承认这个事实，自我的疗愈就自然发生。

女士：非常感谢您。

五

男士：我的问题很简单，是关于找伴侣的。找伴侣的时候，很多时候大家很清楚自己想要的什么，这是最优决策；但是外面有很多的压力，所以有时候不得不妥协，这是次优决策。您觉得怎么把最优和次优这两者拼装好。谢谢。

曹老师：我觉得你看到哪个女孩好，就直接往上冲最好。什么最优、次优啊，你好像没有谈女孩这件事，你在谈一个概念。你最好全力以赴地准备，看见目标往上冲。当你让一切发生了，你那些次优、最优什么的都没有了，这是最优的。所谓选择，就是彼此激活感觉的过程，你附加那么多的说法，说白了就是阻止自己不去感觉。也就是说你还没有真的想找对象。不要骗自己玩儿了。

男士：其实很多时候自己很清楚想要的是什么，但是你发现做选择是很痛苦的，尤其没有时间做选择的时候。你想要的是那个人，但是又要琢磨她家里，必须做出妥协。

曹老师：我还要告诉你一句话：你不仅在选择配偶的时候会出现这种状态，在面对其他事情时也是如此。一定要把两个或三个头绪放在一起，这样的举棋不定，可以规避风险，不让事实发生，因为你不愿意去承担责任。你如果看到这个，你的生命在各方面都会有不同。因为你被卡在这个地方了。

男士：谢谢您，从另外一个角度认识一下自己，非常好。谢谢。

曹老师：有的时候，退一下看看自己，有时候被卡在一个地方，一天你可能会重复360次而自己不知道。你可以带上这个观察，像吃药一样，在面对任何事情时看看你的态度是什么，是不是又把一堆的想法放在那儿，让自己裹足不前，让事情不再发生？不再有任何的发生，可以让自己暂时安全一下，是不是这样呢？问问自己。

六

女士：曹老师您好，这个问题已经困扰我七八年之久。这是一个恐惧的问题，在恋爱关系中，一遇到男朋友不符合我的要求就觉得他不爱我了，导致我不敢跟他结婚。我自己很想克服，但又感觉没有力量。我知道这种状况很不好，但是没有办法克服掉。

曹老师：你真的想嫁人吗？

女士：我特别向往婚姻，我曾经的幸福全部来自家庭。但是我又非常矛盾，我又特别恐惧婚姻，因为对男人的不信任感。

曹老师：你说这些话的时候，能感觉到自己是在说不想嫁人吗?

女士：是的，家庭的一些原因，让我很怕受伤害。但我现在不想成为这个样子，我不知该怎么办。

曹老师：你没真想怎么办，而是你就想这样。你在用这种方式躲起来，在认同着“我也这样”吧。如果你真想过幸福的日子，就会朝这个方向努力了。

女士：我可以讲一下我家庭的事吗?

曹老师：你的思想先别着急跑，有些事我们不需要急。因为你继续说那些话是告诉我“我为什么是这样子的”，说这样子的时候，你就必须得是这样子。

女士：所以我一直在克服呀。

曹老师：你是不吐不快啊，还要说你为什么是这样子。你一直纠缠在过去，并把这些不吐不快的事搁在心里一遍遍地重复，你怎么能跟人家发展美好的关系啊。你可以说“我可以用更幸福的方式活出我自己”。在这儿我只能说这些了。

七

女士：我有一个困惑，男孩子，今年16岁，初中升到高中。他说在学校如同坐牢，每一次回到学校非常痛苦，现在有想逃离学校的冲动。我感到非常痛苦。

曹老师：什么时候开始的?

女士：初中开学就看他很不愿意去学校，很难受。我当时想着他可能需要调整，因为以前的学校比较宽松，没有那么多规矩。现在这所学校好多限制，包括吃饭不让说话，不让出校门，有点半军事化管理。

曹老师：你现在和他接触的时间很短吗?

女士：他一般周六、周日在家。

曹老师：你们俩能聊天吗？

女士：现在还是能聊的。

曹老师：他现在和谁聊天有共同语言？就你一个人吗？

女士：他不怎么跟他爸爸接触，爸爸很少在家陪伴他。我们俩现在还有点儿沟通，他跟我说和同学之间的事。

曹老师：你跟你爱人的关系好吗？

女士：说实在的，我感觉他也过得挺辛苦的，让我伤害了很多年。我一直抗拒，不认可他，瞧不起他。

曹老师：确实你非常想解决这个问题。非常想解决问题的时候，问题就开始转化。孩子身上流着两个家庭的血液，你特别瞧不起对方，孩子的另一部分就会被否定，孩子会有无力感。孩子的心态就跟向日葵似的，父母就是孩子的太阳。你那样对他父亲，孩子往往去抗拒你，孩子会让自己出状况，用这种方式抗拒。

孩子的问题，要退回到大背景中去看。你和你的爱人需要面对现实，看到自己的问题。只有在孩子身上看到你们自己的问题，完全地接纳你的爱人。你们接纳了，孩子的力量就会起来。如果你继续抗拒他的爸爸，孩子是冲突的。孩子也不会接纳自己，对周边的人也不会接纳，因为他承载了你这个不接纳。

你试着去接受你的另一半，可能你会发现更多需要提升的地方。我们所谓的不接纳就是我们的意识卡在这里，并不是对方有多少让我不接纳的理由，那个是不成立的。

女士：最困惑的是我看不得他喝酒，尤其是看到他喝完酒的表情，我立马就气愤，我就想……动手。我都做过这个事儿，当着孩子，我觉得很愚蠢，很后悔。

曹老师：当孩子看到这一幕天就塌了，因为爸爸是生命当中最给力的地方。你体会一下吧。

我感觉你跟孩子多聊聊天，能够敞开心去分享你成长的快乐，比如自己的人生，过去很多做得不合适的事啊，等等。孩子一旦能够听到这些话，他的心会融化。孩子开始接纳你，他就会有复苏的感觉。

你只要在这条路上走，愿意面对这个问题，会有很多好的条件帮着你，给你力量，让你最后自己打开你自己。当你冷静下来看这个问题，这个问题会反馈给你很多。当你发生变化的时候，你的家庭会发生变化，你的孩子也会发生变化。

女士：不知道我理解得对不对，我现在去接纳我爱人，可是孩子已经发生了这些事怎么办呢？

曹老师：如果孩子特别难受，可以让他歇上一个礼拜，缓一缓，调整调整。学不了必然有学不了的道理，从中了解吧。忽略了的总会再冒出来让你看的，好好地看看在告诉你什么。

女士：非常感谢老师。

八

女士：曹老师，您好！我是一个一岁半孩子的母亲。第一个问题，我在带孩子的过程中，不知道界限在哪儿。另一个问题，我老公对我的要求比较多，带给我比较多的困惑，有时候我会觉得很委屈。这种情况您怎么看待？谢谢！

曹老师：恭喜你！刚做了妈妈，非常幸福。

第一个，界限怎么把握。你要退到后面，看孩子到底发生了什么，他在表达着什么？当孩子体验着什么的时候，你把孩子从体验的专注中抓出来，他很反感又不会表达，久之小孩会哭闹急躁。

女士：他平时比较好，就是一吃饭弄得乱七八糟，扔得到处都是。有一个朋友也是妈妈，她说应该设立界限。这种规矩应该怎么给他，我有点迷茫。

曹老师：这要非常具体地来感觉他了。你看着乱七八糟往往是没看懂他在干什么。

女士：是不是把握安全的原则？

曹老师：我刚才说了，你要滞后。滞后就会发现，不存在安全不安全的问题。因为你一直在发生的那儿。所谓有界限、设防，是因为你没有真正地跟进、关注他，等他危险的时候要去设防。设防这个东西让人挺难受的。当跟进发生，原本连设防也不需要。我觉着你以后心要静一点，安静一点，经常看看孩子在那儿干吗。你看小孩在那儿折腾，其实他在锻炼一种能力，可能他觉着腿驾驭不了，就没完没了地在那儿踢腾，直到踢腾得他觉着那个腿是他的了。这个阶段，他要完全组装自己。这个阶段他在深刻地体验着生命内在的东西。要允许他体验，不要剥夺他。小孩的目的性非常强，他知道自己需要什么。这是大自然设置的，咱们别改。

女士：比如他喜欢吃橘子，一口气把一大袋吃完。

曹老师：这特简单。你给他吃橘子的时候，只让他看见一个。

女士：第二个问题，我老公给我比较多的要求。

曹老师：你说：老公，我慢慢学。我体会到了你爱我的方式。很简单，他需要你看到他。

九

女士：曹老师，您好。刚才您说孩子都爱父母，我听完这句话，心里突然特别惊讶。我觉得我不爱自己的父母，至少我自己没有意识到。我对他们更多是一种无力厌烦的状态。有时候我妈妈给我打电话，说她身体会突然不好或者家里有不好的情况，让我不要担心，我会觉得特别反感，我本来就没有放在心里，而是一种比较无力的感觉。我自己觉得挺不好的，一个人如果连自己的父母都不爱，会不会存在特别大的问题？

曹老师：她前面说不爱父母，后面发现她在自责，觉得不应该这样，大家说她爱不爱？

大家：爱。

女士：我可以解释我是爱与恨并存吗？

曹老师：你在自责的时候，感受到的是什么？你就在这儿感觉一下，不需要回答。

女士：我觉得对不起我的父母，他们那么辛苦地供我上学，我还这么怨恨他们，我觉得我挺对不起他们的。但是我又爱不起来，我好像没有爱的能力，想爱又爱不起来的感觉。

曹老师：你已经回答了是爱他们的。只是没有学会怎么爱他们，又不接受自己是这样的，所以下了个结论说我没能力爱他们。这种"打包"的做法会让你无力的。

女士：我大学四年在北京读的，家离北京挺远。我感觉大学四年过得比较急。一方面，看了一些心理学的书。童年的时候，我爸妈是小学老师，对我特别严格，如果有一点题不会做，就会当着全班同学的面打骂我。我感觉他们那种教育方式不对，给我留下了心理阴影，让我心理不健康，所以我心里怨恨他们。另一方面，我又觉得他们为我付出了很多，他们也挺不容易的。这种矛盾、纠缠的心态又让我很自责。

曹老师：我们很会给自己的某种心态起个名字，让自己不往心里看，是不想碰那个痛。不爱爸爸妈妈，还是没有能力爱爸爸妈妈，不管在哪个点上，你就在那个地方真正停一下，感觉一下自己：这个地方到底是什么？当你承认爱爸爸妈妈的时候，是不是心里会舒服一些？

女士：是。

曹老师：就这么简单，让自己舒服就挺好嘛。

首先承认自己是爱爸爸妈妈的，你一下就会舒服了。你总是指责着自己，"这个小孩不爱自己的爸爸妈妈"，这个小孩多难受啊！一旦知道了原来自己是爱爸爸妈妈的，你就去爱他们好了。比如可以打个电话告诉爸爸妈妈：“我刚知道我是多么爱你们。”跨出这步非常关键。

女士：我就觉得那个问题是导致第一个问题的根源。然后我才……

曹老师：不要搞自我分析。学点儿所谓的知识，往头上一戴，实际解决不了问题。

接下来，对爸爸妈妈能真正地理解。我说的理解不是“你们打了我，当时是为我好”的那种，是换个视角：所有人的经历都大同小异，为什么你和别人不一样？因为你愿意这样。

女士：我觉得以后我有孩子了，一定不会打他们的。

曹老师：告诉你们一个谜底，“每个人都是一样的，大家的经历大同小异”。当这个视角通过课程建立起来了，你会了解，今天打你出打你的问题，明天不打你还有不打你的问题出现。你说，有必要去解决这些问题吗？听懂了吗？

女士：嗯，明白了一点儿。

曹老师：你是稍微感觉到了一点。这几次你把课听完，好吧？

女士：好的，谢谢老师。

曹老师：这是典型的自我分析，制造问题。以前是“不知道现在和童年有什么关系”；现在知道了，又成了“全是童年的问题”。是不是把爸妈弄出来批斗一顿，让他们好好反省就能解决问题？只有你愿意看到是你仍不想长大，你的现在才会不同。

十

女士：大家好。第一个问题，我感觉很多事情放不开，心里有很多条条框框，很天真地认为我应该成为怎样的人，不断去迎合大家。我不太喜欢这样，可是又不敢不这样。是不是在童年有一些阴影，有时觉得自己没有办法接受自己。总觉得好像有一种恐惧，放不开手的感觉。这种感觉很纠结，特别希望您给解析一下。

曹老师：解析一下？

女士：或者说让我能够活出自我。现在我的感知能力特别差，都是被思维意识所控制，就是这种感觉。

曹老师：你看她说得多清楚啊，说得这么清楚干什么？她是想让那个困惑的心在认同一个东西后安下来。这样自问自答的游戏会让你远离真实的发生，这会让你活得没有着落。你要看到自己这种状态，就在活出自我。钻进自我的感受再进行一番自我的分析、评价、认定，结果就是你现在这样子。说白了你在做着你不知要什么的事情，所以你先弄清想要什么吧。

女士：我觉得好像也没什么了，爱怎样就怎样吧。就这样好了，也不是什么问题。

曹老师：当帮你去感觉自己时，你在干啥？

女士：我就是这样的呗。

曹老师：你是在感觉自己还是抗拒不接受自己这个状态？你体会一下。稍停片刻。

女士：我现在分享一下。刚才我感觉好像没有什么，一会儿觉得知道让自己回到自己说话上，突然就能感觉到心跳有点加快，以前都没有这种感受。这时候，有点害怕或紧张的感觉。过了这个阶段，好像又回到了平静，持续一段比较长的时间。然后老师说，你再回到最开始说的上面去，我就回不到原来那个不太好的情绪中去了。我最终落到这种平静上去了……

曹老师：别想那么多。你就只记得我怎么样带你的这种感觉。无论你发生什么事情，能够这样允许你和自己待一待……

女士：谢谢老师，谢谢您。

十一

男士：曹老师，您好。第一讲我就来了。可能没听这个课之前，我也会把自己的情况往童年经历去归，然后自己把自己带进去，现在我觉得不会那样做了。现在我想知道怎么样让自己更了解自己一些。比如说我自己真的想要的，很多时候是不容易察觉的。可能是以往的经验，或者是世俗的看法，让我觉得我应该去这样做，反正就是感觉不是自己真的想要的样子。我现在21岁，之前的经历感觉都不在自己的状态。现在想多了解自己一些。

曹老师：就是想了解自己。回到我刚才说的那个话题，怎样地了解，方向很重要。很多人纠结于不了解，会去抓一些学过的东西往自己身上套，弄得自己更加不舒服。其实人都在重复这个模式，于是就在不断地制造问题。如果你有一个非常清晰的视角，允许这些东西发生，不再抗拒它。在这个过程中，你是不是就在了解自己呀？

男士：我做得可能……

曹老师：先不要批判自己，你挺好的。你们能听懂我在说什么吗？我们现在往往不让自己发生。比如想哭，我们会忍着，先看天花板，眼泪实在存不住了再掉下来，是这样吧？

男士：有类似的情况。

曹老师：我是打个比方，大部分人是这样子的，要哭先看天花板。人往往被很多东西包裹着，当你承认自己不敢敞开，你就在敞开你自己，在允许自己一切发生的同时，你就在感觉到被尊重。很多的情绪往往是压抑了自己的表达后的另一种表达，所以变得失控。当你允许它时，你会发现情绪比以前小很多。

男士：对，以前我有点压抑自己的负面情绪，很多人可能都是。

曹老师：说自己就行啦，先把自己弄清楚。

男士：还有就是您刚刚提到的，我们在“记忆”当中和在“大脑的回应”当中，我不是太明白。

曹老师：记忆属于过去，而回应属于在感知的状态。也就是你在说话的时候，能够真的感觉着你在说什么。我在说话的时候，我是在感觉着我说的这些话，和说出来以后在大家那儿会发生什么。感觉是整体性的，失去感觉的时候，那是在感官、感知中。刚才我说“胎儿的状态”就是让我们能够把感觉的能力启动。感觉也是一种能力，与生俱来的，每个人生命当中最根本的能力就是这种能力。

十二

女士：大家好！曹老师好！我现在研究生一年级，学动物医学专业。今年本科毕业的时候，在一家宠物店实习，当时我就觉得那里的同事不教我，特别无助。读研后，导师也不重视我。我觉得这两件事情靠在一起，肯定就是我的问题了。我的导师对别的同学特别重视，让她做各种实验，让我养老鼠。他们做了实验的瓶子让我洗，当然他们也洗，我感觉有一种他们吃饭我洗碗的心情，我就觉得特别委屈。每次周会，因为他们不重视我，不给我安排，我也没话说，导师就不搭理我，这是一种恶性循环。我现在都不想进实验室，有点破罐子破摔那种劲儿。我觉得这肯定都与我有关系，我把这种不公平，有一种“拧”劲儿出来了。我小时候挺“拧”的，后来性格温和下来了，这事情又把我激发出来了，“拧”得我自己都特讨厌自己。有时候开周会就哭，哭得自己都心疼。老师请你帮帮我。

曹老师：你们家几个小孩儿？

女士：我们家两个，我还有一个哥哥。

曹老师：爸爸妈妈关系怎么样？

女士：不怎么样。

曹老师：谁比较强势？

女士：两人都有吧！我跟我妈比较亲，所以我更倾向我妈这一边。

爸爸可能与他干的工作有关，有点暴力。反正我看着妈妈就比较亲。

曹老师：你爸爸妈妈两个人的关系当中，妈妈经常爱说什么话？

女士：她比较有生活经验，会告诉爸爸怎么样比较方便把事情很好地完成，但是爸爸就不爱听妈妈的，自己做自己的，最后把事情搞砸。妈妈确实说得有道理，我也觉得按她那个做了比较方便。

曹老师：答案已经说完了，大家听到了吗？他的爸爸妈妈都比较有股子劲儿，各有各的优秀之处，但是在具体的做事当中，妈妈可能会更优于爸爸一些。爸爸在你的心目中经常要把事儿做砸。

女士：有时候挺讨厌他的，但是有时候也深深地心疼他，毕竟是我爸爸，给我教育经费各方面的，也还行。

曹老师：在说服着自己接受爸爸。

女士：有时候也会……

曹老师：我告诉你一个事实：我们现在所处的任何关系，包括怎么样看待问题、处理问题等，都与你和爸爸妈妈有关系。因为你生下来，先认识的男人是爸爸，先认识的女人是妈妈，他们所有看问题的视角等，都会对你产生一种像油和到面里那样的影响。你现在的状态是在重复爸爸的一些状态，这个重复是对爸爸的忠诚。你说爸爸的时候好多话是在说服自己，这是最表层的。真正内在的是做出来的，你要追随爸爸就不能做成事，要做成事儿哪能像爸爸呀？

女士：我不想像他。

曹老师：说“我不想像他”的时候，是头脑在说；而心里呢，我必须不能做成事儿，因为这样我才是你的孩子。发生的那个事实是真的。

女士：我的生命可能是向着他。但是我觉得为什么开始我们都受重视，后来我就成……那样。

曹老师：你先跳出来这个事儿。你把自己现在所有的做法，经常做一个观察：你现在是不是真的不受重视，有可能只是一个想法。一旦你做了观察就会发现，可能不是这么回事。因为我们设置了自己，然后活进去了。

你刚才的一句话说“我的拧劲儿上来了”，谁喜欢“拧”的人啊？要拿你的心真正去感觉，我到底是个什么样子？他们为什么对我会有排斥？当你真的感觉到了你自己，自然就感觉到对方了：“我原来是这个样子，他是这么感觉我的，他那个不舒服是从这儿来的。”我的话你听见了吗？

女士：嗯，听见了。我在实验室不经常说话的，其实我……我觉得有时候他们也挺……我只会刺激别人，多了就会爆发出来，爆发多了就会逃离那里，就不进实验室了，就那种心情。

曹老师：我能够告诉你的，就是你去观察一下自己。凡是制造麻烦和痛苦的人，她的专注度没有，自己一想起什么“我就是这样，我就是这样”。她有没有关注：“我到底是什么样子？我关注一下！”在这个地方多待一会儿，停一停。人失去了专注力，好多的问题都会出来。当自己对自己专注力不够的时候，就会想干什么就干什么。

怎么练专注力呢？你对自己进行观察，不管出现了什么样的问题，或者跟人们接触，或者在一个环境里大家在一起的时候，你关注一下自己在干什么。有可能自己根本啥也没干，完全在自己那个设置里。什么叫事实？事实就是你要看发生了什么。如果跟导师交往的过程中你那里什么都不发生，就在自己脑子里鼓捣你的那一堆，你说谁喜欢啊？不是他们不喜欢你，是你非得搅和着他们谁也不能喜欢你，这样你才像你爸。

女士：好吧！

曹老师：每个人要面对很多情况，都是很正常的，千万不要急着想一下把自己弄个大变样，不要那么着急。给自己一个空间，缓一下。让自己真的能够看到，到底自己这儿发生了什么？到底我家庭里发生了什么？当你进入观察的环节，你的心自然就平静下来了。当人的浮躁去掉了，平静回来了，还会有问题吗？

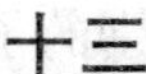

女士：大家好！今天是我第一次听曹老师讲课。我的一个感觉就是，课程内容特别浩瀚，让我想到了宁静的夜空，看到了一望无际的大海。我对心理学特别感兴趣，但我本身不是学心理学这个专业的，我医学博士毕业，是搞精神药理学研究的。

今天有几点想请教您。第一个问题，今天您讲的内容，有好多哲学的气息，所以我想问：哲学是心理学的基础吗？心理学和哲学之间是什么样的关系？第二个问题，今天是“清华幸福课”，您讲了生命的价值，讲了关系，但是没有提到幸福，我的问题就是心理学和幸福之间是什么样的关系呢？幸福本身是一门科学吗？您认为它是一门什么样的科学？第三个问题，我认为幸福其实是一门科学，可能是一门心理学、社会学、医学的交叉学科，不知道我这样想对不对？像我这样医学背景的人，在幸福科学里面我可以做一点什么呢？这些都是我一直想的问题，也没有答案。听了您刚才讲的，我不再孤单，想听一听您的回应。谢谢！

曹老师：她的第一个问题问得比我还浩瀚，我感觉无论宇宙多么浩瀚，要想探索它，肯定是从人的生命开始。我也是学了很多很多的东西，我发现不管学了什么，不真的用生命去体验事物，都会成为罗列的记忆碎片，让我们更多地失去了自己。我不知道你能不能听到？

女士：请您再重复一遍。

曹老师：探索宇宙是由谁来完成的？是由我们自己的生命来完成的。无论你干什么工作或从事什么研究，都离不开生命的体验。如果从这个原点上有了偏差，所了解的事物的真实性又在哪儿？如果人类永远被三种生存模式控制着，处于生存状态生命难以成长，无论哪个学科它的意义价值又是什么？

女士：我觉得这三个问题都综合回答了。

曹老师： 哦，那就不用回答别的了，好，谢谢。

十四

女士： 您说到应该尽量尊重孩子，不要打扰他，让他自我成长。但是我们从小受的中国式教育，在家庭内部应该有个长幼尊卑、一日的生活作息。在尊重孩子和传统的固有东西之间，怎么能达到一个平衡？而且不光我一个人，还有家里的老人，我很困惑，这中间怎么平衡？

曹老师： 从整体上看，你有一种内心上的纠结。我想从两个方面说，一方面从你个人的状态上来说，一方面就你提到的问题上来看。

第一个，你可以感觉一下自己此刻的状态，是不是经常会有这种纠结？如果经常有这种纠结的状态，你要意识到自己：哦，原来我比较容易纠结，在我的身上比较容易出现这个状态。下回只要有这个状态，你就静静地接受这种纠结，在这个纠结的状态中感受着纠结的心。在过程中你会发现，会有很多这类的东西波涛一样向你汹涌袭来，这时候你继续感觉“原来我是这样的纠结，原来我是这样的纠结……”当实实在在地看到自己纠结了，未来的你就开始笑了，你不会再纠结了，因为你真的看到了。之所以现在的纠结一直都在左右着我们，是因为我们从来没有看到过它，我们被这个纠结的状态控制着。

怎么看和怎么做，我都告诉你了。在这类问题上，不要总是在说“哎呀，曹老师都说我纠结了，我这人是挺纠结的，我看我又纠结了……”其实你在这个“纠结”的意识里面转，没有真的感受到纠结。一旦感受到的时候，所有的纠结都像浪头一样打过来，在那一瞬间一下就跟它脱钩，那个轻安马上就出来。

第二个，具体的事怎么样处理。人一旦纠结，一定抓着两个以上的因素。当你自己不再纠结，你自己做得特棒，孩子向妈学是天然的，绝对不会向奶奶学去。之所以你觉得孩子向奶奶学了，是压根你不接受自己，也不接受他奶奶，只不过把不接受孩子奶奶做了借口。

具体做法是：作为妈妈你好好地按照那个作息去做，孩子会学的。可能在这个阶段不属于他学的内容，但是那个气息会留在他生命里面。孩子每个阶段都有他要学的东西。比如有的阶段，孩子出去疯玩不想回家；有的阶段，他就要光着屁股不穿衣服；有的阶段会摔东西、打人。这些东西你慢慢地去感觉，他到底反映了、表达了什么？有可能是在表达父母。比如夫妻之间有点别扭等，孩子都知道，他有可能用那种方式把感觉到的不和谐的能量释放掉。所以每一个阶段大人要退后一点，去看他在表达什么。对孩子少一份干涉，多一份理解和懂得。好吗？

十五

男士：曹老师，我也是学心理学的，我把自己的事业定位在幸福事业上，我想请教您一个困惑的问题，也跟在座的同学们和老师探讨一下：中国的幸福课，或是说清华的幸福课，跟国外类似课程的共同点在哪里？个性在哪里？我觉得咱们民族的就是世界的。想请曹老师就这个问题给大家分享，谢谢。

曹老师：这个话题不小，我们围绕着这个话题来探讨。我也在考虑，中国文化历史悠久，在互联网时代，中国文化怎样真正能够发挥作用。我们如何能够找到中西方文化的共同点，这是一件很重要的事情。大家可能会发现这个课程不太谈这家那家的文化，有心理学的东西但表达又不同，我为什么这么苦心地去思考？是因为已有的文化和概念已经塞满了我们的头脑，一旦还要用那样的语言，大家很容易进入过去的概念，而对当下缺乏体验。

比如，人要不断回到更大的整体，这是一个事实。我们不谈各种文化，就谈事实，让大家在事实当中看到真实的发生。以生命为研究对象，就不带有什么色彩，大家就少一些抵触。现在思想性、根源性的东西都是老祖宗的，因为真理的东西只有一个。我们对西方是不是真的了解，最能够代表西方文化的东西到底是什么？抓住根本性的东西，就谈不上文化有什么同和异，它是共通的。本质的、根源性的东西不会有两个，只是我们在哪一个层面理解的问题。

十六

女士：曹老师，您好。首先允许我给您鞠个躬，真的很感谢。听这堂课我很感动。生命课题我一直很感兴趣，今天在您的课里面至少有两个观点我很喜欢：一个是整体，一个是体验。我的体会是我不断向整体回归，向那个更大的背景、本源回归，又能在当下体验生命的富足。今天的课感觉比较宏大，但是其实它跟我们生命的每一个都相连。

我的问题跟孩子有关，我的宝宝刚好是一岁，您刚才在讲座里讲到的几个问题我都有涉及。比如说他现在会有分别，他会知道这个东西是我的。他拿一个东西的时候，我如果换一个给他，他会忘掉那一个。我感觉一岁的时候，他在每一个整月都会有变化，小孩子的问题不是问题，因为他是往前走的，每个阶段都不一样。现在这个阶段他会耍性子了，会表达他的情绪。

今天中午是因为他拿他爸的眼镜，他爸不给他，他就哭得特别委屈，上气不接下气。我不太懂该怎么办。我要怎么样去培养他，我有时候觉得我是一个旁观者，就是在看着一个生命的成长。我怕干预得太多，剥夺了他很多东西，所以我是陪伴的形式。但是我不太确认这种形式对不对，尤其在遇到他表达情绪的时候，我是不是一定要纠正他？比如他再要眼镜的时候，我真不知道该怎么办了。

曹老师：我想从两个方面回答你。第一个很简单，你要觉得这个东西不要让他摸，就把它收好，不让他见到。

你不干预孩子是对的，可以滞后一点，看他发生了什么，去感觉他在体会什么。但是心里的纠结是不要的，你觉得怕干预他。小孩特别的灵，你什么样的念头他都能捕捉到。你觉得怕怕的，总带着一个恐惧的心理，孩子会没有安全感。你要放开手，和他一起学习。孩子有时候闹脾气，其实还是我们不了解他，或者在某个方面没让他尽兴。你不要觉得每一次孩子由着你的时候，你觉得很顺畅，那可能都在漫长地积累。开始他是不会抗拒的，一旦抗拒了，包括抓你东西、抓你脸，或是跟你发泄，其实里面都已经潜藏不少东西了，小孩的表达一定是真实的。关注孩子，爱是对人深层次的关注。

十七

女士：我从第一节课一直听到现在。根据老师处理个案的方法，我也在观察自己，跟自己待在一起。第一感觉就是，我的日子过得好累呀，然后慢慢的，突然间出现了您讲过的自责。我就说“我看到了我的自责”，重复了很多遍之后，突然一句话冒出来，是我妈妈曾经说过的“都是别人让我成为这样……”然后所有的委屈就出来了。我不希望它总是控制着我。

曹老师：你能学以致用，这很难得。在体验中才会发现潜藏在生命里的东西，它一直控制着你，你根本不知道。当你能这样一次次地看到，那个委屈就在慢慢消融。但是最重要的是发现了以后，你要和这种感觉在一起。

女士：当时可能是在释放，感觉比较轻松。

曹老师：释放仍是情绪控制的过程，只要你带着觉察就会在这过程中明白很多，对自己的了解也是在那个状态中完成的。

女士：对，很奇妙的一件事情，突然间就明白了。

曹老师：在那个状态里，曾被压抑的能量开始流动，就会把生命里发生过的东西一下带起来，终于看到过去这个东西在那儿封存着，使生命一直僵硬着。做完以后滞涩的能量流动起来，你就会感觉很轻松。当你进入这个程序一切会自然发生。

女士：我只是接受，不可期待。

曹老师：对“不期待”也有个觉察。当你说“我不希望这样”，就没有机会再看到。不要下定论，只是知道发生了什么，在那个发生的里边，跟它同行。你会不断地了解生命内在到底曾经有过什么。不管有什么，你都带着“这就是个事实”，不要忙着给它戴帽子。注意这两点。

十八

女士：我是爱想、爱写字、爱表达的人。我曾经每天写日记，但是总感觉自己有种飘浮的感觉挺恐惧的，我想问这个恐惧是正常的吗？可能一下转变吗？

曹老师：乱想的结果就是不允许自己高兴，一旦高兴会怀疑自己。有的人哭天抹泪的，最初的时候我可认真了，她哭我也跟她哭。慢慢我走出来了，发现她特喜欢哭，因为哭才会有人跟她聊天，才会得到更多人的同情，才会觉得别人在关注我。她很有这样的感觉：我要用这种方式方法控制你。你听懂我说什么了吗？

女士：我大部分都是跟着心走，跟着感觉走。有的时候你的感受、你的心会让你受伤，你的脑子把它隔离开就不会受伤。到底是跟着脑子还是跟着心走呢？我的直觉告诉我一定要跟着心走，心应该会透过脑子，我觉察到还是希望得到支持。

曹老师：你太聪明了，我绕不过你呀。你已经忘了要干什么了吧？我知道，让自己沉浸在这种自我分析的状态中，人会疯掉的。

女士：如果你的工作需要你去感受这些很细微的东西，可能你会掉下去，然后再上来，再掉下去。

曹老师：你能看到掉下去，再上来，挺有主意的。你要表达什么？

女士：如果本性就很天真，那我就天真好了。

曹老师：你想表达的是不接受自己的表里不一吗？

女士：我已经忘了要说什么了。

曹老师：总在想的状态就会不清楚，带上觉知就在不断澄清你真要表达的了。让发生的发生是最真实的。

十九

男士：如何跟讨厌的人好好相处？比如说我们是一个宿舍的，必须要跟他在一块儿，我如何跟他好好相处？

曹老师：当你特别讨厌谁的时候，事实上是一种相互的吸引。你要好好观察这个人，是哪儿成了你讨厌的理由，在那个理由里，你能够感觉到已经重复太多的情绪模式。看清自己了，就在剥离“是你让我生气的”这个抱怨强化模式，才能真正经验过去的某个人，大多是和爸爸妈妈有关的事件。看到那个操纵你的底片，你就不较劲了——原来情绪和自己有关，和别人无关。

二十

女士：是不是在亲子关系中，我要让女孩就像女孩，男孩就像男孩？

曹老师：这不是你让不让的问题，他们就是男孩、女孩。你要了解你自己，会对孩子有帮助。我在大学开女性心理学课时，刚开始全是女的听，后来别的系的男生都过来听。他们发现什么？男的必须了解女的，女的也确实要了解男的，否则很难相处。

女士：第二个问题是，想得太多其实是麻烦的根源。农村的人脸特别红润，种地做事都挺高兴，生活没烦恼。那个形影相吊、身体不好，也不能干活的年轻人，反而是读多了书的。我们从小在教室里用脑子，身体动得少，身体和脑子分离。想让孩子将来健康，是不是鼓励孩子多玩，不要看那么多书，多去运动？

曹老师：你说得挺明白的。如果真明白，你会符合孩子的。不明白就需要向孩子了解学习，他们会不加遮掩地告诉你，甚至是以让我们难以接受的方式。如果能如实地解读他们的行为，我们就在成长。孩子们会不离不弃地示现给我们看，直至我们学会。

用眼下的场景打个比方，大家都困在这房子里，谁从这门出去谁能逃生，是不是能够出去，就看你是不是真的在往外逃！只是说这么一堆，没有在发生是没有用的。不被念头控制就是思维的定向，而意识层面是干扰你思维的，这两个是矛盾的。之所以不能思维，是因为活在意识的干扰里面。回到男孩女孩的话题上也是一样的，要在发生中认识而不是乱想。

二十一

女士：我很在乎的人，当我跟他相处的时候，看到他一些不好的习惯有点难受。怎么办？

曹老师：你自己已经给出答案了，只是你没有尊重自己的感觉。你现在把你的问题再重复一遍，给自己一个机会让自己听到。

女士：我很在乎的人有一些不好的习惯，当我跟他相处的时候，看到他这个习惯，有点难受。怎么办？

曹老师：大家去带着感觉去听这些话啊。

女士：我很在乎的人有一些不好的习惯，当我跟他相处的时候，看到他这些习惯，让我觉得有点难受。我有个男朋友，我觉得他有点邋遢。我回顾了一下，小时候我妈妈管得很严，不能邋邋遢遢的，导致自己现在有点洁癖。看到男朋友有点邋遢，我知道这个难受是因为自己的一些经历导致的。比如他把苹果放在我床上，我就觉得很脏。我说了他，但是又觉得这样说不太好。

曹老师：你已经把答案说出来了，只需要给自己个时间看到自己的关注点是什么。如果你总是挑别人，增长自己的排斥，结果就是分开。如果你不要这个结果，就在自己身上下些工夫。需要对自己有份专注，好好地看一看。知道这是自己的问题，你就会看到对他的接受程度，是不是能够接受，接受到什么程度。如果实在接受不了，答案也已经出来了。你要尊重自己的感觉。

这里有两个关键，一个你在乎什么是你自己的事；另一个是感觉一下你是不是能完全接受他，能接受他百分之多少。当这个感受一出来，就已经有答案了。

二十二

女士：曹老师，当您讲“爱是对一个人深层次的关注”“爱是去感觉一个人”的时候，我心里就会跳出一个人来。我们有一个多月一起吃饭，在那一个月里感觉好累。后来痛下决心忘掉这个人，后来恢复正常生活了。但是今天我还是想起那个人，真是有点迷茫。我做的决定对还是不对，或者我已经有答案了，但是我没有发现。希望您能给我指点一下。

曹老师：小孩儿的事儿特好玩儿的。首先呢，你能想到那个人，是有个力量让你忘不了。我一说这个你就会想起这个人，是因为你想忘掉他。你现在要有个主次，你决定现阶段以学业为重，这个可以放一放。如果你是因为怕影响你而把关系断掉，你就要好好斟酌。其实你内心没有放下，只是你强让你自己这样做。人是不可以逼的，想清楚你现在该干什么，或者先完成学业，或者一起相处但安排好时间。不要一猛子扎进去什么都不顾了，这也反映了我们的小孩儿心态。你要回头总结，在里边学到东西让自己成长，而不仅是就事论事。

女士：谢谢曹老师，您说得对，我决定找他谈谈。

曹老师：我没有建议你去找他谈谈啊。我是建议你认真地总结一下，你在那个阶段是不是安排得不太合适。如果你们还很有好感，你可以先把自己的时间等安排清楚，确保学业，然后跟他说别给太大压力，告诉他你的打算安排。你自己能够在这上边安稳，两人趋于正常了，生命也可以不消耗的。通过那段时间相处，可以变得成熟，共同成长。祝福你！

二十三

女士：曹老师您好，这个课的主题是幸福课，走到人生这个阶段，我根本无法体会“幸福”的含义。同事给了我这个机会让我认识您，让我觉得必须把我的问题解决一下。

我的问题比较多，小时候母亲出了车祸去世。我七岁的时候，父亲娶了继母，接下来又有一个妹妹。我就是这么成长过来。从您上节讲到青春期阶段，我觉得完全反映我的情况，开始觉得我的人生是不健康的。学习、工作、婚姻、家庭，没有一件事儿对于我来说是幸运的、幸福的，所有的事儿都是一路坎坷。而且孩子身上发生的事儿也和我小时候发生的事儿是一样的，我觉得这就是一个宿命。我的好朋友觉得我能从您这块儿获得帮助，让自己快乐一些。但是我觉得快乐不是别人给的，是自己内心的。我觉得，真的要让自己快乐起来，还是能给予孩子一些帮助的，希望他不要再走上我的老路。

现在家里边挺困难的，孩子的爸爸因事故造成左侧偏瘫，一直这样不会有太好的结果。当时我要面对生死，觉得突然之间这事降临在我身上，我不知道该怎么面对，特别无助。我从小丧失了母爱，孩子就要丧失父亲的爱。我希望在以后的人生当中能稍微有点希望，我的人生只希望平凡，希望能给孩子快乐。

曹老师：你的情况，需要有一个持续的关注。我今天能够给你的就是：看到你在用整个的生命感受着痛苦，你既然能够用全部的生命去感受痛苦，说明你有感受的能力，对吧？

女士：都到了这个份儿上，假如再有不太好的事儿，我觉得也就这样了，肯定是该怎么面对就怎么面对，不会把我击垮。我觉得孩子就是我的延续，我不想不幸再降临到他的身上。我觉得有幸见到您，还有我的这个好朋友。通过您的课，帮我一点一点地梳理情绪。已经这样了，上天注定的吧，这就是宿命，一代又一代的……

曹老师：她听了我的课觉得是宿命，一代又一代的。我可没这么说。我想说的是，你能够全身心专注地去感受痛苦，说明你有很坚强的韧性和感受能力。既然能够这么专注地感受痛苦，是不是也可以专注地感受快乐？你具备这个能力，只是需要转一下。是不是这样？

女士：我从小自卑，环境不是很好。现在在单位，或者朋友面前，我特别在意别人对我的看法，特别在意别人倾听你说话，我觉得长这么大了没人关注、倾听你。而且我脾气也特别不好，可能是这段时间发生的事儿实在太多了。孩子天真无邪，很活泼爱闹，但是我总觉得很烦，把情绪积压在孩子身上，跟孩子发火。第二天又特别后悔，觉得孩子太可怜了，我不应该这样对待他。所以特别的痛苦，特别的拧巴，特别的纠结……已经33岁了，但是我觉得活得特别累，觉得自己像六七十岁的那样。同时心里边那种坚强又感觉特别有活力，假如说有什么事儿再过来我也依然能坚强地扛着。自己接下来要教育好孩子，然后让自己能够快乐一点儿。

曹老师：能够体会到你的这个状态，我能够感觉到。你真的准备好了走出这个状态吗？

女士：我是想走出来，但就是……

曹老师：你先别说，你先听……

女士：我就是想说让自己活得别这么痛苦，因为我的压力，我真的已经……现在已经是这样了……

曹老师：你看，我刚才说你真的准备好了走出来吗？你现在还要在那里边，说明你没有准备好。一个人真的准备好走出来，他会在任何时候，只要那一刻到来，他就能感觉得到，他会毅然决然地抓住；但是没有准备好的人，他一直喜欢他这样的感受，因为这样的感受会满足他自己所说的那个：我就是这样的人，我就是这样的人，我就是这样的人……

女士：老师，我像是……

曹老师：你先停一下。大家看，她一直还是在那上边儿。我说了，首先我比较理解她，这样的事情都已经发生，现在你真的准备出来吗？今天我不会再让你说什么了，因为我给了你两次机会，但是你没有往上踏这一脚。

你回去以后可以一直问自己“你真的想走出来吗”，而不是说“我真的想走出来呀，我不走出来干什么啊，我这么艰难……我不能让孩子再……”这种内在对话是继续让自己在现状里满足着。“一千个倒霉的事儿都会搁到我头上……”你沉浸在这样的感受里边，别人没法帮你。

女士：我是不是这些年已经习惯这样了……

曹老师：我现在跟你说的就是：你做好准备要走出来吗？你又退回去了：“我是不是这些年已经习惯这样了，我已经习惯了……”你就习惯好了，我们也不用解决这个问题了。

女士：我有这个方向，借着您的引导，能走出来，但是心里边儿、思想上，总是达不成一致……

曹老师：刚才她终于停了一小会儿，这时候她开始会想要。

我送给你一句话，最近当一出现你以前的状态，就用这句话问自己：“我真的想走出来吗？我真的想走出来吗？……”慢慢你能够看到：你是如何沉浸在你这个状态里边，享受着那一份感受的。人的感受能力，要么去感受那些不好的，要么就感受好的。大家对于好的往往没有太多的感受，感受那个不好的就无限地扩大。我刚才想说的就是，你既然有感受痛苦的能力，你一定也有感受快乐的能力。我想说的就是，你问你自己，真的准备好想走出去了吗？

女士：我尽量在这一周的时间慢慢沉淀自己，然后……

曹老师：我刚才跟你说的是问自己，对吧？

女士：我先沉淀您的那句话，然后再慢慢……

曹老师：沉淀哪句话？

台下听众：我真的准备好了吗？

曹老师：我们帮不到她的，我们只有给她机会让她自己来说，她那儿才会真的开始动！

女士：你真的准备好了吗？

曹老师：再重新说两遍。

女士：我真的准备好走出来了吗？我真的准备好走出来了吗？我真的准备好走出来了吗？我真的准备好走出来了吗？妈妈真的准备好要走出来了吗？

曹老师：不要问孩子，跟他没有关系。你看她总是要抓住一个东西来满足自己。我现在跟你说的是让你问你自己。

女士：我真的准备好走出来了吗？我真的准备好走出来了吗？我必须走出来，我必须走出来……谢谢大家！谢谢曹老师！谢谢！（全场鼓掌！）

曹老师：我告诉你一句话，可能特别让你失望：谁也帮不了你，只有你自己！

女士：谢谢大家给我的鼓励。谁也帮不了我，只有我自己，走出来。

曹老师：看看她的脸这一刻不一样了吧。你是有能力快乐起来的，有能力放松下来的，只是你愿意不愿意。你准备往外走了吗？好，就这样！

二十四

女士：曹老师，我提个问题，关于归属感，您讲的男人的归属和女人的归属，我觉得理解起来比较抽象，能不能有个图像化的理解？谢谢。

曹老师：这个问题问得好。其实两种能量在男人或女人身上都是同时存在的，一种是开放的，一种是创造的。只是男人以开放显现，喜欢无拘无束，他们行动的张力没有办法阻挡；女人是以创造来显现她们的能量，所以把生孩子这件事交给了女人。每一个人的生命里都有这两种能量，当你不符合这两种能量的时候，人的生命就活得不开心。在这个世界上，先有了地球的环境，才有了万物和人类。在你的生命里面就凝聚着这样的力量，不用去其他的地方找，人越在困苦艰难的时候，越有那种渴望回归生命的力量。

第四节课我带大家回归那个力量，让你感觉宇宙的能量。宇宙是一种什么能量？“我是存在，一切存在都是我”。当你不断地去感觉它，整个人很快会与一切融到一起。那个“开放”就已经出现了，那就是一种能量。不断地让生命回归更大的整体，你才会有力量。有形的整体就是家族，和你眼前的这个团队，要能在这里历练自己。无形的能量其实每天都跟着你，只是你阻隔了和这个能量的流动，使人活得很没劲儿。

二十五

外籍男士：您好，我特别害怕，因为我脆弱的一面，为了感情方面的问题。我失恋了，我放不下，她分手的方式是发短信，所以我放不下。我想面对面说清楚，但是她没有能力去面对。我听您讲课后，知道了这大概和她的家庭环境有关，使她没有能力去面对事情。所以我想问我应该顺其自然，或者是强迫？

曹老师：首先，通过他说的这几句话我感受到世界大同的日子到来了。他那种思维的背景、表达的方式那么熟悉，是不是快世界大同了？

你能够以有始有终的态度处理这件事情，我非常非常欣赏你。我也想提醒大家，恋爱的过程是非常美妙的，无论是什么结果，一定要善始善终。如果你不能够做完整，未来你带着这种感觉，再走向下一个恋爱关系的时候，你会有一种恐惧。

外籍男士：就是我要体会到、体验到她的感觉：我不想和你在一起。这种表达，这样子，然后就结束了。（曹老师代表男士的女友，和这位男士面对面站着，相互注视。）

曹老师：感觉到我了吗？

外籍男士：感觉到了，这是我需要的，你不需要说出来。

曹老师：他很开放，他的身体很开放，他很快就能捕捉到我传递的那个东西。其实有的时候需要彼此之间用语言表达，而有时候在那一瞬间体会到了，语言什么的就都不需要了。可能你还是带着那份爱，把那份爱留给彼此。祝福他！

一定记住我今天的话：在关系中，没有对错，有了对错就没有关系。恋爱分手了，朋友还在。人与人之间的那份理解还在，那就是一份美好。

二十六

女士：曹老师您好，我是读书会俱乐部的成员，我们很多同学原来听过您的讲课。我的问题是，您说的道理比较明白，但是在实际生活中，还是会有情绪出来。我们怎么把脑子里知道的东西、想明白的东西，用到自己的生活中，算是“知行合一”的问题吧。谢谢您。

曹老师：好，就这点我想谈一下人的情绪错觉。人是不是特别想管理情绪？当管理情绪的时候，情绪会怎么样？其实你今天感觉不舒服，可以跟你周边的人说：“我今天不太舒服，待会儿有可能会说话不好听，但是这是我自己的情绪，你们给我最大的支持，不要介意。”要表达，千万不要压抑情绪，情绪本身就是一种能量，这个能量没有“因为、所以”。我们被情绪控制是因为给它起了一个名字，说“因为什么、所以什么”。你不再给情绪起任何名字，情绪只是一个能量，允许它出入。当它出来的时候，你带着一份觉知看着它，只是看着它，不要给它找家也不要给它起名字。你会不断地看到你的过去，看到你自己的什么东西和此情绪有关。甚至这些你都看不到，但是你真正和这个情绪在一起，感觉到它的时候，人的那种阻塞就已经少了很多。情绪也像朋友一样，需要理解。当你每一次有了情绪，你带着看看这个情绪的意识，就把潜意识的东西表达出来了。

人的行为是潜意识在推动，往往情绪会带着潜意识的很多东西。我们之所以被情绪控制，是因为它在表达着潜意识的什么，由于我们对它一点也不了解，所以它什么时候出来我们不知道，什么时候走我们也没法控制。在前几节课我曾给大家说，不管你什么状态，要和它待在一起。比如现在生气，你就和那个生气在一起。想哭就让他哭，你只是看着它，允许它这样。其实当人体内的能量这样流动开了，人就没有情绪了。之所以有情绪，是我们把它摁在那儿，小时候哭的时候，大人会说“别哭！男孩子哭什么”“女孩子哭真没出息”，把孩子压抑了。不要压抑他，要允许他，然后对所作所为有一份觉察。

二十七

女士：老师，我听了前面三讲。您刚才讲理想是最大的骗局，这句话我挺困惑的。刚好我自己也在思考这事儿，我曾经觉得只是安然地活着，每天去做自己该做的事儿就足够了。但是后来我觉得好像内心有一种渴望，在事业上给自己定一个更宏大的目标。现在我的孩子一岁半，我重新面临事业理想，但是当我有了目标的时候，内心又感到一丝不安，好像是我急于要做点什么，对我现在安宁的状态造成一些妨碍。我曾经就这个问题问过其他老师，他说匮乏和创造是有区别的，并不是说你安然地活着就不需要做些什么了。我想问问您怎么看。您说理想是最大的骗局，我对这句话是有疑惑的。

曹老师：她的话说完了，她对于这个问题的答案也已经说完了。其实每一个人在问做什么或是不做什么，都是有答案的。只是肯不肯静下心来听一听自己那个答案。我觉得你有一个明确的答案，只是你还不够清晰。

为什么说认识自己很重要呢？因为人里面有个说法，有个答案。我们静下心来听一听，还原到她的生命里面，听她在说什么。

女士：您说中国梦，它是一个理想的。还有您做正源家庭教育中心，是不是到了那个阶段，就去做了。

曹老师：我那个事，你要问我怎么做起来的，我就告诉你我是怎么做起来的。但是和你说的这个没有什么关系。因为全天下没有一样的人，连树叶都没有相同的。你把自己先说清楚，把你刚才说的那些话再说一遍。

女士：我刚才说得太多了，我整理一下。我觉得我有一个比较宏大的事业目标，但是我不知道它和我安然地活着的状态是不是有矛盾。如果我只是安然地活着，去做自己每天生活中该做的，难道我就不该有理想吗？难道我不可以有目标吗？目标它真的会影响我去安然地活着吗？

曹老师：继续说，原封不动地说。

女士：（重复）我觉得我有一个比较宏大的事业目标，但是我会疑惑它是跟我这么安然地活着有矛盾。我如果只是安然地活着，做我自己该做的事儿，我就不可以有目标了吗？目标不可以是我安然地活着的一部分吗？我计划未来不可以是我生活的一部分吗？……

曹老师：可以是，还用问吗？听懂了？

女士：我觉得是可以计划的，您觉得呢？

曹老师：你现在肯在这个问题上持续地发问，你真的在问的时候，那里面会给你一个答案。无论发生了什么，你得持续地、专注地去看那个问题是不是成立。

我给你的建议，你的小孩才一岁半，如果有条件的话，我希望你陪着孩子，对你的成长很有好处。我们自己的成长虽然意识上没有记忆了，但都记忆在身体里。在孩子身上可以学到很多我们过去没有学到的东西，让自己成熟起来，相信你未来能够做一个好母亲。你是母亲，别人代替不了你。我希望你很好地走完这个过程。感觉感觉一岁半孩子的妈妈该面临什么。

二十八

女士：曹老师，您好。在您的课程中提到，有一位百岁老人希望后事由您来料理，因为您懂他。请问：只要足够长的时间相处，用心去观察就能很好地懂一个人吗？还是有一些更好的方式和方法能够让我去懂一个人？就像那种眼神交流，连话都不用说的那种懂。

曹老师：告诉大家一个特别的秘密，只要你不再任性，你就会懂他。两个人搭接的那一瞬间，在彼此突破，此时谁不任性，能够真的停下来，允许你的生命去感觉一切的发生，你就什么都懂了。这里没有方法。大家是不是真的能感觉到？任性就是非要按照自己的干才是合理的、正确的。任性的人特别容易说很多正确的话，评论别人不对的地方。只要你不再任性了，在那一瞬间把这些都停下来，留给自己一个感觉的空间，那个人的一切你都能感觉得到。这个时候一切语言都是苍白的。只要停下各种自己的观点、见解、概念，什么都放下，你就和那个生命在一起了。其实真正的美好，就是你允许你自己。强迫别人或是控制别人，实质是在强迫和控制自己。试着允许自己，允许一切的发生，慢慢你会发现内心空间大了。当你允许别人走进来，允许自己去体验别人的时候，这些你就都会知道。这是我们生命里要长期做的。

二十九

女士：首先感谢曹老师给我这个机会，我是第一次听您的课。我今天提出来的问题是如何提高自信心。我现在工作了，好多时候我都觉得别人在影响自己，比如说别人的一个眼神或是领导的某个动作，马上就会改变你。本来你的想法是那样的，等看了他的那个眼神或是他的某个动作之后，你就会突然改变自己，但你正经应该走的路是原来那一条。我现在是调岗了，在原来单位的时候，就感觉自己完全弱化了，不知道如何去控制自己，也不知道在那个环境中如何提高自己，比较安全地成长，感觉那段时间特别累。我想问一下老师，这个如何去改变。

曹老师：大家能不能感觉到她生命的状态？不是去评价，你去感觉她是什么样的状态？我听到她说这些话，我看到了生命成长的过程，是每个人都没有办法避免的。任何语言都是苍白的，这是你必须经历的一个过程。当你真正地接受这份经历，你会觉得一切都是正常的。你听到了吗？什么都不需要，只需要接受：这是我需要走的一个过程，我只要活着必须经历这些，无法避免。你就会觉得发生什么都挺有意义的。感觉到了吗？

女士：我觉得说得挺对的，但是这个过程挺难的。

曹老师：嗯！如果你说“这个过程是难的”，你可能会在适应这个过程当中走完一生。如果说“这只是一个过程，所有的发生对我都是最有意义的。这就够了”，你觉得现在是不是心里会踏实好多？

女士：对呀！对呀！对呀！

曹老师：听懂了吧？

女士：听懂了！

曹老师：你们平常别给自己做心理分析。如果真学到这个你会有一个心理空间的。

小孩儿最初是在妈妈身上抱着，到了三四岁以后，小孩儿跑出一段儿路了还不忘回头喊妈妈。到了大概五六岁的时候，妈妈也会觉得孩子长大了，不需要她了，妈妈就不再跟进，观察不到位了。小孩儿就要自己去面对事情，有的时候会有一种恐惧，尤其是小女孩儿。这个阶段在生命里大概有两三年的时间，它是一个很深的印记。等到了新的单位会重复那些印记，这个过程也是必需的。你告诉自己：这个过程是必需的，谁也代替不了的，每一部分都是生命当中最重要的，未来的路还很长，这部分积累对于我来讲非常重要。无论面对什么困难，如果你能回到这样的身心状态里，你的生命会特有力量。不要去“找”自信，当你找自信的时候就破坏了自信。相信你的生命，那个就是自信。

三十

男士：我听了曹老师的讲座收获特别多。有一个问题一直困扰着我，我在跟别人相处的时候比较放不开。还有一个问题是我希望拉近人与人的距离。

曹老师：下回你跟谁接触，把这一堆话都告诉他就行了。对待自己真实，这一切就都好了。你坚信生命的内在都是为了爱别人，才来到这个世界。当你需要帮助，感觉自己有困惑的时候，你告诉别人。恐惧是来自不想让别人看到我们是这样子。

男士：对呀！谢谢曹老师！

三十一

女士：非常感谢曹老师给我这个机会。我一直有个心结，我的儿子头上做了两次手术，头骨还少了一块。他今年二十三岁，他也是清华毕业的，但是他有一个头骨的凹陷，所以他的头发就留了好长……（抽泣）

曹老师：允许哭，允许哭……

女士：他就扎了一个辫子，我怕他以后找女朋友受影响！他毕业以后去了美国，他觉得离开这个环境就自由了。他小学做了两次手术，必须得切掉一块骨头。小学的时候让男孩子都剃短发，他非常抗拒，后来没有办法他就说：“好吧，我就剃！”他就比别人剃得还光，头上的疤就露着。他一度特别叛逆。在清华这四年他离开我们长期在学校，他就把头发留长梳着辫子。我希望他开心，就接纳他。但是他现在一直还是留着辫子，我说：“儿子你能把头发剪一剪吗？社会会不接纳的。”他就说：“妈，我没有办法，我不知道该怎么办。”他现在二十三岁了，如果因为这个影响他找女朋友，我好像一辈子都不能释怀。谢谢大家!

曹老师：有机会可以把他带到这个大家庭里来。他的状态，需要让他来面对。你的状态需要你来面对。至于他怎么样留头发，这个事情本身不重要，重要的是我们在这上边儿压的东西太多。我觉着他这个部位有个疤，头发遮一下是多么完美的啊。如果他不带着叛逆，就能够告诉熟识的人这点事。当妈妈的可以告诉他尝试更多的发型，多好解决的一个事情。随着年龄的增长可以变换各种发型，那样活着才开心。

女士：有的时候我觉得他好像比较恨我，因为我没有给他生得好一点。我能感觉到，虽然他不那么说。他说，妈妈你别多想，但我会想，我不知道这个问题怎么解决。

曹老师：这是另一个问题了。孩子成长过程中有些不顺畅，给你带来了很多没有释怀的东西，越来越感觉在你身上有一种压着的感觉，事实上这跟孩子的头发没有太大关系。你作为一个妈妈，孩子两次开颅，那个时候可能没来得及去体会那个难过，就把那部分情绪搁到那儿了，随着你年龄增长这个情绪可能会出来干扰你。你要能够感觉到，自己当妈妈当得挺不容易，在里边积压了一些情绪。每一次情绪上来的时候，不要再给它找家，不要说这是跟我儿子的头发有关，跟我儿子找不着朋友有关，别再给它找这个家，你就会舒服好多。你要允许有时候情绪不好了，你知道这是当妈妈的艰辛留下来的东西，你接受它就可以。对于孩子找不找朋友这事儿，说句心里话，你儿子不梳辫子也可能到现在没找女朋友呢。我们习惯给情绪起很多的名字，再给安个家，所以你就会活成这样。以后有机会我看到你的孩子，也许在这个大家庭中能给他支持。

女士：谢谢曹老师。

三十二

男士：听您的课，想一想自己的人生，确实很有感触。一个人认清自己很重要，如果人生是一本书，就是最关键的一本书。读懂自己这本书确实非常困难，也有很多干扰因素阻碍你的眼睛，阻碍你的耳朵，阻碍你的心灵。我自己感觉以前可能是在本我与非本我之间徘徊，因此有很多的痛苦和矛盾。以前的我非常害羞、自卑、看不起自己，往往是生活在别人的评价和看法之中，老感觉很累。后来经过一些挫折，经历了很多历练，自己越来越认清了自己。去年来北京我找到了自我，现在听完您这课之后，我感到应该回归真实的本我，活出精彩和真实的我。我有一个小小的请求，我非常希望能成为曹老师的一名学生，成为您团队中的一名助手。

曹老师：他多真实啊。此刻特舒服吧，承认我是啥就是啥，比非得藏着自己舒服。我感觉你生命现在就特别有力量，相信未来我们肯定有一大群的人，都非常非常快乐。

后续篇 “清华幸福课”之后

——网络幸福之家微信摘编

“清华幸福课”结束之后，大家反响热烈，共同倡导以微信群的形式初步建立网络幸福之家，邀请曹丽清老师每天提出用功点，并随时进行指导。至今近半年时间，随着越来越多的朋友参与其中，我们也收获了许多非常令人感动的反馈。至今微信文字资料已积累近100万字，限于篇幅，在此仅从前50天里摘编部分反馈，以飨读者。

2014年12月22日

曹老师：今日冬至，是一年元阳初生之时，万象更新。今天是幸福之家正式团聚共创未来的第1天，也是正式开始活动的第一次。

今天我建议大家的功课是：围绕安稳身心和思维定向有序。一天从整体上要有计划，三餐的具体时间是几点和吃什么。

要点是：心里清楚并让它发生。可以做不到但要知道自己在发生什么，仅此而已。

最后，祝各位家人新年新气象新乾坤。

体会：

1. 构建整体意识和基础决定意识。
2. 看到自己的模式。
3. 身心安稳弱化意识无序现象。

家人分享

·早饭一口一口细细体味米粒的清香，沁入心脾，感恩生命，感恩时代。

·放慢语速、脚步，心安稳，心跳均匀，目光柔和而坚定，身体柔软而有力量，重新让秩序参与我们生活的每一个细节。

·老师，在貌似复杂熙熙攘攘的外部环境下，我该如何做到“吃饭就在吃饭”的专注、平静状态？

曹老师：这些不是用来探讨的，是去做的。

一日小结

曹老师：第1天结束了，做整天的吃饭计划也是建立思维大背景和基础性思维，在这之下，一切的发生都会慢慢有序且高效。大道易简不容忽视。祝福家人们！

2014年12月23日

曹老师：各位家人都取个名字吧，像是对地球宇宙的回应，把昨天的总结一下，今天的计划一下。多从建立意识开始。

家人分享

·做了两天，虽然不是太好，但今天就体会到自己进步一点点了，感觉内心有序一些，感恩。

·感恩亲们，分享这两天一点点的体会感觉，终于感觉心回到自己身体内，不再忙乱，不再纠结，不再焦虑，头脑是清醒的。拾得平静、专一与执着。

·跟进体会基础意识主宰的美好，心安稳后让我有序地完成了自己的计划，而且心跳越来越平稳，学着跟内心说话，也听懂自己的心语，踏实。

·以前我们没有活出生命的真。原来都是早晨上班路上匆匆买点东西，在路上吃或者到办公室匆匆吃完，总觉得一天都在赶时间，胃也不舒服。现在每天晚上做饭时多做点，早晨热着吃，粥一直在锅里，可以直接吃。其实在家吃完也只比平时早起15分钟，时间就够用了。这样感觉一日三餐正常吃饭，比那种匆匆赶赶的状态好多了。内心踏实、安全、有力量。只是晚上睡觉还是会拖延，贪图书和电视剧不愿意睡觉。

·从曹老师那回来，我自己安静了下来，好像突然打开了一扇窗，我一点点地看到了自己，很快，境遇就发生了变化。一切都是自己，回归到自己，能感觉到不同时刻体内能量在流动，念头只是像流星在飞过。

·今天从感觉饭菜中，头一次体会到了感恩，感恩老人为家人辛勤地劳作。以前是习惯了，处于麻木和理所当然的状态。感谢曹老师和幸福之家给我带来的变化。

一日小结

曹老师：第2天过去了，你照着做了吗？没让必须做到，只是让你意识到点什么。如态度、行动力……如果你愿意有所转化，只需在这些看似没什么中努力一点点。

2014年12月24日

曹老师：第3天开始了，《大学》中说“物有本末，事有终始，知所先后，则尽道矣”，就是告诉我们，要建立整体意识和基础意识才能有宏观的视角，才有明确的自主意识。很多人分享到身心安稳了，知道先从整体计划一下的重要性了，还有吃饭就在吃饭的回归状态……这一切都是生命存在状态，是做人做事的基础，留心体会总结吧，谁做了，谁知道其中之妙。今天继续巩固第一天提的和从三方面体会。

家人分享

· 感谢曹老师，那样去做了会感觉到自己很平静，最近觉得其实好多问题静下心来，自然知道是怎样的了，不必急着去寻求外界的信息。

· 亲爱的家人们早上好，昨天的总结：以前虽然也在计划，但没有严格地要求自己执行，反省好多的情绪不接受都由无序引发。当严格按计划做时，体会到回归身心的美妙，无序的意识也在减弱。继续在此下工夫。

· 亲爱的曹老师，变化在我看见自己决定改变的时候发生了，我不断地看见自己，我的爸爸妈妈也都在变化，感恩老师帮我打开了这扇门！

· 最近发现了，按照老师说的，真的从日常生活做起，可以慢慢改变心性。当发现情绪杂念升起，我先不抗拒，先看到它，慢慢来……

一日小结

曹老师：第3天结束了，是不是已有一点点整体意识和建立基础意识的大背景的体会呢？感觉到回归身心的点点安稳了吗？学会爱自己吧，安稳的生命气息是真正的平安啊。送给家人们深深的平安祝福。

2014年12月25日

曹老师：第4天开始了，又是圣人诞生的日子，从今天开始，我们开始“善洒扫”。

要点：1. 物有定位。2. 清理没用的东西。3. 不拖拉。

体会：

1. 提高觉知力。看到自己的随意性的常态。

2. 提高敏感度和专注力。

3. 提高行动力。发现自己的消耗性的自我对话。

家人分享

· 早晨看到今天的功课，立刻收拾了自己的办公桌，物归其位人自安稳，想起那句：我是回应。上午把紧急事办完，写完一份欠了许久的策划，虽是义务工作，但因为有一份承诺在，因此每天惦记，又总因杂事搁置，中午下班前完成，终于停止了它带来的内耗。想了，就立刻做，不能只是想想，然后被外境牵走。这就是今天的体悟。

· 安排的任务刚发现了，按照老师说的，感觉物有定位会提高对物品的感觉，不拖拉就不用很纠结，今天早饭和中午饭都推迟了，但是内心没有出现以前的那种焦虑、纠结、不接受，是一种很自然地看着它发生的心态。

· 第4天的“善洒扫”，按照老师的指引，一早先从工作的电脑开始，定位、清理，自然而然就做到了不拖拉，拖拉的毛病瞬间好了，这种感觉真的很美妙，体会正在继续，感恩老师，感谢家人们。

· 在曹老师和家人陪伴下，心一点点地不再被外境牵扯和控制，可以专注于在做的事，觉知力也在一点点地醒来。

一日小结

曹老师：第4天结束了，感觉到了点什么？可以三言两语分享一下。别忘了适时的“回应”是最好的连接和关系，更是很给力的品质。做了的会体会到什么的。

2014年12月26日

曹老师：第5天了，有此刻在等待发布功课的吗？如果你真做了就开始期待了，这就是连接和建立关系。也是定向有序的效果，它可以自然摒除繁杂的信息干扰，最重要的是看到自己的各种模式的控制惯性。

前五天我们是整体准备自己的过程，没有准备，给你什么都会没感觉，如果大家愿往前跨一点点，就是重视此刻的同伴同行，它没强加给你什么，只是帮你梳理成为你想要的自己。我等待大家的回应，并以你回应的态度方式，回应你是怎样的自己。

家人分享

·我建议我们每个人负责提醒一件我们认为生活中重要，但是经常被自己忽略的事。

·回应老师：

1. 通过制订一天的计划，时时提醒自己当下的状态，有没有陷在其中，而忽略了对整体的关照。

2. 通过一日三餐的计划，看到自己在吃饭的当下，就可以放慢速度，细细品味，改变了自己不知吃什么、吃饭快的状态。而且感觉到自己对自己的照顾，心生喜悦。

3. 清理没用的东西，一直是我不能面对的，看到了自己无序的常态、随意的常态，开始意识到清理没用东西的必要性。

4. 通过提醒家人制订一天的计划，感觉到你在团队中参与的重要性，以及及时收集回应的重要性。

一日小结

曹老师：保持家庭的信息不繁杂，少干扰。我们建的是网络幸福之家，是在忙乱中可以回归，使身心安稳，正如《大学》所讲：“知止而后有定，定而后能静，静而后能安，安而后能虑，虑而后能得。物有本末，事有终始，知所先后，则尽道矣。”符合“明明德”大学之道，生命就在于活出意义。幸福之家第一周就在固这个本。

2014年12月27日

曹老师：第6天开始了，请提醒家人把本周心得总结出来。

要点：

1. 简约尽意表达。每日不超过50字，否则无力。
2. 接受自己的不完善，直意不编造。体会是啥就是啥。

家人分享

· 本周用心点：

1. 有归位定位意识，把事情做完。
2. 每天有计划总结。
3. 吃饭，做事，平静，专心。
4. 带着觉知，看到自己的旧模式。

· 收获：

1. 看到无力的模式及背后的纠结。

2. 吃饭，以前对自己凑合，与家人时忙碌。现在吃饭就吃饭，做事就做事，清晰了。

3. 物有位定。

· 本周心得：“善洒扫”看似简单，只有用心了，才能体会其中的美。

· 曹老师，是我没有坚持，刚开始没有明白，您说的吃饭是什么意思。不过现在明白了。每天在吃饭的事情上开始琢磨琢磨了。现在，把曹老师这七天的功课全部抄写到本上……从这里面清楚地看到老师的付出，对自己昨天未达到的和今天又发现自己的模式继续跟进。接受自己的模式，看着它，让它发生。谢谢亲爱的曹老师越来越多地陪伴自己，看到自己。觉知，行动，回归。

· 无论我们处于一种什么状态，我们都允许它，不去评判它，不去排斥它。否则会造成内心的冲突，消耗你的生命能量，使你不能更有力量地采取行动。

· 我自己有很严重的拖延症，我也清楚地知道来源，但是一直没有改掉。有了计划之后，突然发现自己原来的状态每天都是混乱的，不清楚自己每天要做什么，机动性太强，效率没有……经过这几天的计划，自己每天开始积极去完成任务，虽然会做不到，会着急……但发现拖延症好像没有那么严重了。

2014年12月29日

曹老师：今天是第2周的第1天，大家在等待吗？如果在，心开始定向喽，祝贺你。上周虽然已过，但走过的路仍需在巩固中深入，基本功就是如此。我们今天的功课是对一日三餐和计划进行观察。

体会：

1. 是否已有些提起意识和跟进意识。

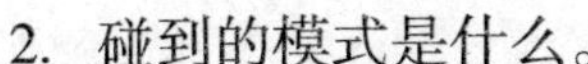

2. 碰到的模式是什么。

3. 接受自己，还是内心又在对话。

家人分享

· 整理了衣柜、抽屉，整理了家中的破烂，初步做到物有定位。清理完后神清气爽，与此同时也清理了心灵的破烂。还不彻底，还要整理地下室。

· 1. 一日三餐吃什么，什么时间吃。时而觉察时而忘记，发现自己随意任性的模式。偷懒时就随便吃点，糊弄自己。

2. 工作、生活定向有序：工作上，大事小事可以静下心来认真地完成。害怕沟通的心态改善了，生活中要清理的东西还是比较多，昨天整理了一下，想再清理出去一批。

3. 沟通模式：建立在语言上的多，在曹老师的提示下，发现走进自己或者别人，也许不用语言，用感觉，我在这里，你也在这里。

· 今天出乎意料地顺利完成所有工作。虽然孩子还没有退烧，相信我可以应付得了。晚餐电话订好了，下班去取。因为今天有“接受一切发生”的自我暗示，在最短的时间被领导要求开会，我也能够不焦虑地接受了。正因为情绪上的平和，会上遇到领导错怪我们工作的时候，我又能够为自己和同事辩白。在平和的状态下，这种辩白是非常有说服力的。

· 看到自己以前模式：虎头蛇尾，随意性强，自怨自艾。跟进幸福之家功课后，心平稳安定了，但效率提高了，拖拉模式有所转变，还在进步中，自信淡定多了。

一日小结

曹老师：第2周的第1天结束了，还好吗？

1. 对两个意识的提起和跟进如何？

2. 对建立计划有点感觉吗？不是非做到而是必须有，这是两个意思。

3. 看到了什么模式？

2014年12月30日

曹老师：今天是第2周的第2天，上周我提出给自己的组起名字，都起了吗？没有起的要继续落实。

今天的功课是“名正言顺”，也就是说弄清幸福之家要做什么。

1. 人是群居动物，归属感是天性之一，符合了，人就会踏实。

2. 幸福之家的功能是过滤器，营造让生命回归生命的宁静港湾。

3. 作用：

①一步步地根据每天发生的现实，引导我们看到生命真正的需要。

②认识我们的缺失和阻碍，并学会接受，那一刻，转化是自然、必然的。

③自己有了这种成长经历，才能真正懂别人的需要。体会一下，爱，是感觉自己的能力和深层次的关注。

家人分享

·今天小结：今天似乎触碰到了自己的模式：害怕别人说自己不够好、不够周全，不接受别人的批评甚至建议，感觉是一种本能的逃避。

·孩子这次的生病引起了先生对我和老人的指责，也不一定是指责，就是那种不接受。我发现，我心里对先生这样的表现不满意、不接受。我看到自己模式是——控制，要求别人达到自己设定的标准。

·及时回应也是一种自我提醒，敏感度通过训练慢慢回来了，我们又对和我们有所连接的世界有充分好奇和敏感，我是回应，我是回应。

· 最近生活的很多方面，自己都在感受曹老师在幸福课上的内容，慢慢去体验。有一次，到了目的地，我本来想去做滚梯，后来一想，曹老师说过要恢复生活最基本的能力，所以就步行上去了，发现和坐电梯也没差多少时间，而且走走路身体也舒服很多。以前总是等着公交车坐两站地，或是打个车5分钟到了。赶不上车就会很焦虑、很烦躁，这一天生活都不是很开心。现在有车就坐，没车直接就走了，恢复生活的基本能力。走路，用双脚感受一下身体的能量，感受一下阳光照在身上，温暖逐渐进入身体的美好。

· 尴尬懊恼的情景和记忆的碎片，都不是生命的全部，只是一小部分，要接受它。正在试着接受当时的自己，心里那些堵着的东西似乎不太堵了。

· 感谢老师的指导。爱是感觉自己的能力和深层次的关注。关注别人很多年，但发现效果很差。开始关注自己以后，感觉有了能量。疗愈从自己对自己的关注开始转变。

· 对于发生的回应，我发现了自己的固有模式，之前发现自己严重缺爱，今天发现我不是缺爱，而是我不会感觉爱，当爱来的时候，我会躲，好像感觉自己不配有。从现在开始，我会用心地体会每个家人给我的爱，爱无处不在，我值得拥有。当我意识到这点时，我发现自己很容易回到当下，看着自己的手在做活，听着孩子们玩耍的声音，那一刻似乎时间永恒，感觉到与宇宙是一体的，融入了岁月的长河。

· 感谢曹老师！感谢幸福家人们。今天工作有一个体会，对于发生劳动纠纷的两人，因为他们是提出无理要求，且要挟单位赖着不走，我的对抗心理很强，也很发怵和他们谈。今天谈之前，我和自己沟通了一下，觉得他们也很不容易，不应该和他们对立，结果进展顺利。

· 听了曹老师的课以后，很多关于父母、好朋友那些至亲的人曾带来的一些伤害或是难忘的记忆，都得到了释怀。曾经那些记忆的碎片被我当成了真实的生活，结果感受不到真实生活的美好，体验不了美好人生了。以前很多时候都是活在记忆里或是过去的感受里，现在每天都让自己活在鲜活的生命里，体验这一切，让生命如花般，开放，绽放……

一日小结

曹老师：今天结束了。

1. 对整体稳定身心的五个点跟进了吗？早、中、晚餐，计划和总结。

2. 你对所有的发生回应了吗？

3. 体会这些不做的隐患了吗？接受了吗？承认自己就是这样子的。

2014年12月31日

曹老师：第2周的第3天又是岁末，今天的功课是从分享中感觉自己存在的状态。

1. 你真心地为你组家人做了提醒和受益分享吗？

2. 你认真地体会你的角色会给家人带来怎样的不同吗？

3. 看到自己，接受原来我是这样子的。

家人分享

·第一次得到爱人和孩子的赞美。心里真的很美，也很有力量，跟进加油。感恩世界万物，感恩曹老师的帮助，让我体会到了家庭和谐与温暖。祝家人节日快乐。

·今日总结：先以一天为单位，建立自己的整体意识，按时起

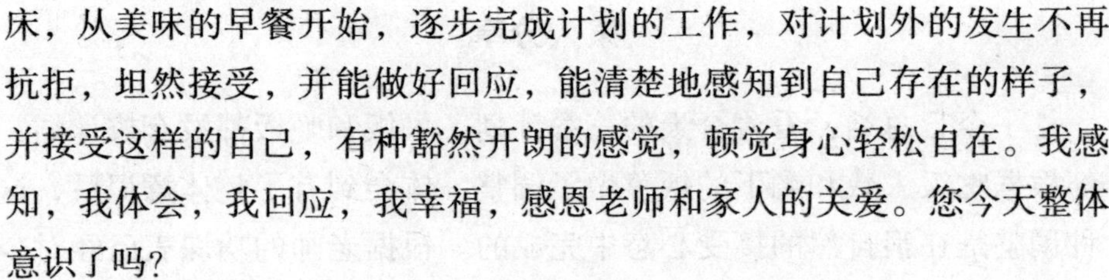

床，从美味的早餐开始，逐步完成计划的工作，对计划外的发生不再抗拒，坦然接受，并能做好回应，能清楚地感知到自己存在的样子，并接受这样的自己，有种豁然开朗的感觉，顿觉身心轻松自在。我感知，我体会，我回应，我幸福，感恩老师和家人的关爱。您今天整体意识了吗？

一日小结

曹老师：年末的一天，感慨一定很多吧，不同的是，多了些家人的惦念，请你带上我们的祝福跨入2015年新的年份。请把最美好的祝福送给你最爱的人吧，也把最美最动人的祝福送给曾让你难受的人吧，体会他们的状态，爱会流向你。我爱你们。

2015年1月1日

曹老师：新年伊始，整体的规划就像个聚宝的盆子，而具体的计划就像往盆子里装宝的勺子，没有这两个基础，你就像漂浮着无法靠岸的船舶。千万记住“有始才有终”规律不可抗拒喽。

今天的功课是做好2015年的整体规划。

1. 在工作方面，准备完成什么？保持发扬什么？重点突破什么？

2. 在生活方面，学会有作息意识，建立一日三餐和计划总结的流程机制，确保身心安稳，是“知止”的具体落实。

3. 在学习方面，要有一个专注性、持久性的内容，也就是让自己的身心能够全然地投入。

4. 建立与人、事、物连接关系的意识，无论外显的是否顺心，都不排斥地跟进关注。

真的认真对待这四点，你想不成都难，因为这叫“设置”。

家人分享

·今日总结：看着今天的三餐计划，午饭和晚饭都没有按计划，都根据吃饭人数和剩下的饭菜做了调整，体会到有了整体意识后，这种调整是在很自然的接受心态中完成的。根据老师的功课表已经对今年的整体做了规划，虽然是很粗的规划，但是感觉自己已经有了聚宝的盆子，需要的是紧紧拿起装宝的勺子，我已经为新的一年做好了准备，不想再继续重复没规划、没计划、没收获的日子。期待着明天的前行！感恩老师！感恩家人的陪伴!

·不能让自己停下来，总是想法百出、创意无限，今天看到了背后是匮乏，负面认知，那种无意中流露出无价值感，让我与想要和拥有的相去甚远。甚至都从未深想过自己想要什么，想过一个如何的人生和生活，更多的焦虑担心夹杂着一个弱弱的希望……我看到了，我就在转化中。

曹老师：真看到自己，自己才会回应支持你，这是你的根。我耐心等待你的回归。

一日小结

曹老师：元旦将结束了，为新年准备好了吗？认真地回顾一下以往没规划、没计划、没收获的日子，还继续重复吗？如果想转化现在就行动吧。明天我们会往前蹭一点，期待吗？

2015年1月2日

曹老师：今天是幸福之家成立的第12天了。今天的功课是：

1. 观察你的家庭整体的常态，只许看不许说。
2. 感觉这些常态与你的关系。

3. 进而看到自己的模式。

4. 不评价、不拒绝，和发生在一起，静静地感觉。

家人分享

· 看完幸福之家一周印迹体会到：人原来都是这样子的，老师之所以活出那个样子，是因为老师早在我们之前就做这个功课了，所以亲爱的家人们，要想活出那个样子，跟随老师一起做吧！

· 今日分享：今天我体会了我和我的家庭，看到一个过去很不愿承认的事实，我对家人有过多的要求，我总希望他们是我想要的样子，当得不到时我会烦恼，体会这样的事实过去一直在发生着，原来我就是这个样子。感恩老师，让我一点点和自己走近。感恩家人们的陪伴！

· 仔细观察了家人吃饭、做饭、收拾房间、打电话、说话等的模式，一点点看清了自己，也似乎看到了自己未来的样子。全部接纳和同意允许，不抱怨、不纠结。

一日小结

曹老师：一天结束了，对自己的家庭常态观察了吗？他们像是长养你的花盆，给了你水分和各种养分。当我们难以看到自己的时候，回回头很必要，要回归这个大背景，看眼前很多发生就容易了。真想直面自己吗？这是捷径。

2015年1月3日

曹老师：第13天开始了，继续咱们的话题：建立整体的思维大背景和看待人、事、物的视角，看清自己，认清现实发生与你的关系，必须回到制造你的家族和父母那里。了解他们的常态，在那里可以看到自己的意识模式和行为模式的出处。发现之后完全与之在一起，真正看到一切对你的影响。此刻会彻底无助，不再抗拒、挣扎，不再寻找原因、理由，不再争辩，你开始敞开自己，真正接受自己，转化开始。

家人分享

· 跟大家分享一下我“十一”假期在家的体会：“十一”假期回家，我再看到家里不沟通的状态，心里很生气，结果发了一次脾气，躲在屋子里期待着爸爸妈妈来和我沟通。大概等了十几分钟，当时真的是很期待父母能过来和我交流一下，哪怕是说一句话我都知足了。这一刻我看到自己从小内心的期待，希望被理解、被关注，也看到自己在重复着父母的模式，用情绪表达自己，或者闭口不说生闷气，回避不去沟通。也发现，我在重复父母的模式去抗拒，我和父母一样。自此，更加能理解父母，并尝试着和家人去沟通，而不是生闷气不交流，或者发脾气。很感谢家人，他们爱我，同时总帮助我更深入地去认识自己的模式。现在虽然不在家，但每天都和家人打电话，以前总想“教育”家人，现在更多的是和家人分享人生。

· 当我们没有感受到爱的时候，并不代表爱不在身边。也许每一个人表达爱的方式不一样。当我们觉得受伤的时候，并不代表别人要故意伤害我们。

· 元旦期间，在曹老师的心归乐园，开始了为期两天的学习和体验，感觉不错，对自己困惑的根源有了觉知，不再排斥，开始接受“这样子的我”。那里的老师们心情平静，亲切和睦，生活定向有序，早起、洗漱、吃饭、打扫……在每一个我们熟悉的生活细节中，又有些不一样的感受，处处都是修行呀。

· 今晚发生了一件很小的家庭小事，我能够警醒地察觉到自己的焦虑，然后努力退出自己的场景，退到家庭整体背景上观察，发现其实问题的最初原因是因为“爱”，我们彼此用自己的固有模式表达着这个“爱”。意识到此，事情已经开始进入解决的状态了，心里没有焦虑，只有平静和喜悦。

一日小结

曹老师：一天结束了，有什么发现？是不是有的人又重复着兴致来潮或懒得回应的模式，持久关注是困难的，刚刚13天，新鲜劲就又过了吧？接受吧，这些不是强加给你什么，是帮你完成你想要的。

2015年1月4日

曹老师：第14天开始了，昨天我们提出了回归家庭，很多人沉默了，要想看清自己只能回归更大的整体思维背景中，有了这个看待人、事、物的视角，才能看清自己，认清现实发生与你的关系，剥离杂乱的混沌局面。了解父母的常态，可以看到自己的意识模式和行为模式的形成。发现你行为背后的动力，方法是，从最不接受父母什么入手，看自己形成了什么。你准备好了吗？请给自己认识自己的机会。

家人分享

·亲爱的曹老师，看到自己，不抗拒、不抱怨，接受允许，是否之后可以改善呢？

曹老师：已经在转化了，没感觉到吗？

是的，已经感觉到，但您一说我就更确信了。您是我们的定心丸，定海神针。

·今天的我比昨天更有力量。昨天确实有些失落，被固化的东西太让我无力了，今天欣赏和赞美家族给予我的一切，重新被家族赋予了力量。

曹老师：无论是我们喜欢的模式还是排斥的模式，都要多注意观察，全面地了解自己。

·家人，爱人，身边的好友，包括事业上的伙伴都说过我不会照顾人，感受不到别人，让在身边的人感觉失落，失望，我感觉大家处得很好时，别人已怨言满腹了。我也苦恼，人咋这么复杂难琢磨呢，日子长了自己对自己也挺无望的，认定自己是天生不会照顾人、关注他人需要的人，注定打造不出优秀团队。而今天发现了，是自我的自顾不暇，内心匮乏，对自己都是很粗糙的人，怎能细腻感知他人需要。我看到了，即在转化中……我渴望温暖的亲情、兄妹情、家族情，我感受到的是纠结矛盾的关系连接。我更是中断了关系，一直以来习惯活在自己的思维里而不自知。匮乏无力让我自顾不暇。

曹老师：开始了，迈向圆满了。接受，不急。

·感受：完成了该完成的事，心里觉得踏实很多。幸福家庭的活动，才开始十几天，就不能坚持。体会到建立持续稳定环节的重要，不这样，心定不下来，做事总会毛毛躁躁，完成不好。

曹老师：珍惜我们同行的机会，信仰是对自己深入的认识，是对生命真正的尊重和陪伴，不是盲目地遵从权威。这不矛盾，但要从内心辨析清楚，修行如人饮水，贵在从“自知”上下工夫。

·这几天观察发现一个很有意思的现象，先生挑我的毛病，其实他所表现的也是一样的毛病。

·我也有排斥，也能觉察到这个排斥，但花了好多时间也没学会接受，从到心归乐园学习回来后，现在我能静下来感受这个排斥，接受这个排斥，臣服于这个排斥。

一日小结

曹老师：第2周的最后一天又快结束了，大背景建立得如何？自己是无法真正看到自己，因为太熟悉了，从没分开过，像鱼在水里却不知水一样啊。这两周从不同角度引导大家回归大的背景，跳出过去的视角慢慢地认识自己，有了这些基础才真的具备学习的条件，你生命主动地参与，才能让你读懂很多……相信人性信心的巨大价值和能量，会真快乐的。

2015年1月5日

曹老师：第3周的第1天开始了，回头看看身边人是多了还是少了，关心他们了吗？他们是我的回应，如果没有他们，我在哪儿？看似虚拟的家庭，可反映出你的状态是真实发生的，拿出一点点精力投放建立家人关系上，你会多份力量。这是你生命成长的要素之一。每走一步都要回头看看发生了什么，那个收获就在那儿等你。

家人分享

· 按着计划开始定向有序地做事，充满了踏实感，信心满满。中午又和妈妈表达了爱，我告诉她我其实很爱她，但不喜欢她强迫我做事，所以我总是想靠近，却又不敢靠近。妈妈理解了，她说她在她妈妈那里也没感受到爱。说到这里时，感觉姥姥、妈妈、我、我的孩子之间那个一样的模式在化解，心情舒缓多了。谢谢曹老师和家人们给我力量，我也爱你们。

· 老师您好，我自从学习回来，看到了自己的行为模式后平静了许多，不纠结了，特别感谢您。但有个问题想请教您，我在让这个模式流动起来，有事没事总是在想自己的这个行为模式，导致我在工作的时候也有点难以专心。

曹老师：接受它。再与它告别。见一次少一次。

·最令我惊奇的是随着我一步步研修实践幸福课程，丈夫越来越和颜悦色，没有了以前的黑脸和霸道。

·看完第2周幸福之家成长印记，心中一下子升腾起热浪。我们是一个更大的整体，我们手拉着手连接了彼此，我们是宇宙、地球、天地的一部分，我们是平凡而又伟大的存在，每天悟到一点点，生命之花会一点点绽放，似乎听到花瓣绽放的美妙声音。

·爱是对生命深层次的关注。元旦从山东婆婆家回来时，婆婆给我们带了好多东西，有用新棉花做的被子，有各种米面，还有婆婆特意去买的20个山东炝面馒头，丈夫觉得上火车不方便拿，就说不带馒头了。我从婆婆的眼神中读出了失落与无奈。那一刻同为母亲的我一下子明白了婆婆的心意，于是说："还是带着吧，山东馒头筋道好吃，吃不了可以冻起来，可以好多天不买馒头喽。"丈夫只能由我了，于是婆婆又高兴地帮我们找袋子……欣然接受，珍惜并真心享受父母给予我们的爱，是对他们最好的孝顺。

·多谢鼓励！其实因为之前活得太拧巴，一直找不到出路，如今有幸走入幸福之家与各位亲成为一家人，真的给了我生命从头来过的感觉！不再孤单，不再惧怕，我们有了更大范围的连接，有力量去参悟自己。

·的确，也许痛苦是上天赐给我们的，包装看起来很丑陋的礼物，但只要我们勇于去打开它，就会发现里面的惊喜。

·幸福是允许一切发生的生命绽放的体验。当接受了一些人或发生的一切事，不再抗拒时，心中敞亮了许多，轻松愉悦了许多。感恩生命成长幸福课堂，感恩老师的无私付出。

对今天的准备是：早起制订计划，给自己提出用功的点：物有定位，不拖拉，不留尾巴，跟进孩子，而不是面对结果来接受和不接受，觉知心是否在当下。

一日小结

曹老师：今天又将结束，准备了的一天是有序、安定、踏实的，体会到了吗？高深的理论都是对实践的观察和如实的总结，是发现了共同的需要并告诉别人如何得到它。这个过程是践行，任何人无法代替你。珍爱自己要懂得自己生命的需要，并非某种满足，走出越渴越吃盐的绝境，生命会告诉你那个不同。别忘了“爱是对生命深层次的关注”。

2015年1月7日

曹老师：第3周的第3天开始了，今天功课是思维方式的建立，也是基础意识的具体化。你今天整体的计划是什么？具体实施的步骤是什么？

家人分享

·今天围绕倾听，感觉家人、朋友真实的想法与心意。上午微信倾听远方儿子的诉说，不再做主观判断，认真听他道出最近引发他失落的原委，不去打断不去教导，听他说，表达自己的理解与关切。下午倾听同事对我们共同承担课题的想法，耐心地以同理心倾听她的牢骚和对大领导做事的不满，她积蓄心里好一阵的郁闷释放了。只是倾听，不急于给出建议。

体会：有时候听比说要重要。真心去听会有很多欣喜发现，原来很多时候我们的想象和主观判断，竟然那么不可靠！如果不好好去倾听，我们会错过很多真相，错怪他人。尤其在和孩子交流时，真要放下自己固有的想法，从善意出发，不先入为主，保持对另一个生命全然的谦恭与包容的心态，去倾听他内心的声音，无论是喜是悲，都要全然允许一切发生，不去指责，不去抢话，我们能听出很多意想不到的东西。

·再往深了观察，越重要的越拖延，是担心结果不如意，在逃避。当家人提醒说，争取一下，什么结果都行的时候，我就放松下来了，一切就自然发生了。这次成功摆脱了头脑中的消耗和对话。谢谢老师，谢谢家人。

一日小结

曹老师：今天又将结束了，回顾总结一下自己的状态，是有序还是无序，这可是基础哟。无论发生了什么，你都肯与这个意识相连接，你会发现一些根源性的问题。所谓的办事不顺利，其根源就是没有定向有序的意识，所以对物的本末大小不知，对事的始终、轻重缓急不能把握，对人的需要体会不到。无论做什么，顺与不顺都是对思维定向有序的检验。通常人们有个错觉，认为这不顺那不对，但回到本质上，可能就一点点。我每天都在强调对人影响极大的一点点，你重视了吗?

2015年1月9日

曹老师：第3周的第5天了，我感觉到有不少人已对整体意识、基础意识的思维大背景有点感觉了吧。当然也会有点体会了，如：一大早要看看功课是什么，今天整体的大致安排，昨天没落实的跟进等。看似平常，但人的状态在悄然变化着，这就是幸福课讲的“大的时空改变人的思维意识，行为必然改变”的道理。只是我们把它活用在建立思维背景上面了。

昨日有个家人和同事闹点摩擦，让我帮助分析，我说无论碰到什么境遇都回到定向有序的思维大背景上看，就会发现身心安稳是助我们的根源。心乱了一切都是乱套的。所以咱们在三周中围绕着这个核心在建立。

今天的功课仍是“弄清”：无论你做什么，是围绕什么干？需要怎样的准备？何时何地让它发生？体会收获的是你想要的吗？最终的检验标准是皆大欢喜，内心喜悦吗？今晚我在北大有讲座，不能发提示总结了，大家按照以上所提示的自己总结吧。

家人分享

·在中科院情报所开年会听报告，更进一步体会到曹老师引领我们感觉事物有位发生发展有序，建立整体有位有序思维模式和做事大背景的重要。这样心里有了这个准绳，就明白人、事、物的始末、轻重缓急和重点要点，让自己安心入手，不必盲从和焦虑，从一团乱麻中看到了一个条理和头绪。

·昨晚去听了“北大幸福课”第一讲，又听到了很多东西，善洒扫时也重听了幸福课，每一遍都觉得不一样，以前做事时听录音就觉得听见声音时不知道自己在干啥，知道干啥时听不见声音，今天体会了一回能听到声音，也知道手在干啥的感觉。

2015年1月11日

曹老师：第21天总结，回顾在这个阶段里，是不是悄然地收获着。

1. 整体意识的建立。对三餐和计划、总结，这五个点有感觉了吗？“本立而道生”，这五个点即是入手的点，也是整体贯穿连接的点，有了它，生活工作学习一体化的生命就开始了。我们不再被撕裂着，身心开始稳定，思维开始定向，人、事、物开始有序，体会到大道至简了吗？方向对了，一切自然发生，千万别刻意，只需不断提起整体意识，做整体的疏理。其实周朝的长久原理就源于“位”的定和“序”的顺啊，切记在自身上建立，才叫真有了，不是说教。

2. 基础意识的建立。有了一天的“五个点”，自然会发生的就是内在的调整，它既会调外，又会调内，使之成为整体性的基础，是没发生的发生，但它完成着过滤的作用，把让什么发生变成了可能、可控、自然。不再是冷手要抓热馒头，慢慢学会沉稳的布阵思维。

3. 立体思维大背景的建立，是悄然形成的视角，它不是空洞的理论，是如此做了以后的沉淀，有了它，你就会自然感觉到无形的整体，又能看到具体内在的连接点，对于发生什么胸有成竹，只是默默地完备各种条件，那个想要的发生自然而至。心想事成不再是愿望和祝福，是检验的标准。以上这三点是人生的大基础，我们刚开头，要放松接纳地落实，时时对照跟进地总结，即可不断深入。当广泛运用时，你就美吧。今天是大总结日。

家人分享

·本周最主要的收获，基本做到每日三餐有计划，好好吃饭。体会到了把吃饭当回事，认真做了，有助于身心安稳。以前我没意识到身心稳定与吃饭有联系。其次，体会到做事时自己有觉知。知道自己此时此刻正在做什么，享受其中；或者会有意识地提醒自己“我现在正在做……”这样的提醒会排除突然闯入的杂念。再次，每日生活有计划与总结。我体会到如果生活有计划，自己做事会从容些，知道自己是在做什么。总结时，了解到自己总是有计划没兑现，或者中途随兴致改变了主意。持续关注。谢谢曹老师的指引。

一日小结

曹老师：第21天过去了，可以看看你此刻还在吗？基本上有三种反应，看看你属于哪一种。一种是在并跟进着，另一种是在了解着，再一种是不在。体会也有三种，一是身心安稳，思维有序，心静下来一些，生活工作学习在慢慢地成为一体，有喜悦感；二是以评判的心在看，没有行动，觉得都懂了；三是没机会看到。现在在发生什么，大家都对号入座。感觉一下，这三种状态给人带来什么，这就是人与人的不同之处。最后提示大家，要用心不用力，提起建立意识的心，行为自然变化。

2015年1月12日

曹老师：第2周期的第1天开始了，你能从意识上带上整体、基础和体会这个大背景了吗？

今天的功课是“围绕着什么干要清楚”。无论干什么都自问：我在干什么？围绕着什么干呢？把自己的生命放在哪儿了？

家人分享

·幸福之家——生命成长的伙伴们：你们好，今天看到一句话，很受触动：勇猛心易发，恒常心难守。看到这句话，想到自己当初建群的时候，再想到自己的初衷和对微信群的构想，与事实呈现挺大。老师每天用心良苦，以很负责的态度发微信（都不知道老师每天有多少事要做），而自己事实上有时候都没把老师说的话放在心上，以后自己每天会定时看微信，晚上写总结，多一些回应。也祝福我们幸福之家——生命成长队的每一位同伴在幸福的路上走得稳稳当当、长长久久！

·虽然日日没闲着，但一天围绕什么，一事围绕什么，之间什么关系，常常意识不到，这是重要的中心点，这是实在的修行。

·感知自己在干什么。人大部分时间都活在记忆和习惯里，对于发生的事情不是用感觉来反应，而是用记忆中的模式来反应，所以要时刻觉察自己，跳出固有模式。赵同学昨天的总结特别好，感知自己是低能耗的，固有模式是高能耗的。

·整体意识和基础意识是人们从事社会活动的先导，它虽无形，但闪现出引导我们趋向的智慧光芒。我平时虽有此之思维影现，但浮浅、不持久，今天在老师的指导下，能专门进行这样的思想操练，的确对我的生命成熟有很大的帮助。

曹老师：领纳继续深入一定要践行，在行进中会“柳暗花明又一村”。

·今天我是围绕身心合一，与自己在一起，看着自己，觉察自己，把眼睛脑子都交给心管理，专注50分钟完成2014年工作总结，心很安定，思路清晰，呼吸平稳，爱在心里流淌，觉得自己从未有过的从容舒展，感恩曹老师始终如一地给予和倾听。

2015年1月13日

曹老师：第2周期的第2天。

今天的功课：

1. 围绕着“干什么”要清楚——身心稳定即三餐和计划总结。

2. “怎么干”要清楚——明确发生什么的时间、地点、内容。体会对总结沉淀后的跟进，有什么应不断深入和圆满的。

今天就具体落实这两点，在你的生活学习工作的背景下疏理思维和行为。

家人分享

·今天反复看着老师发的功课，细细琢磨“体会对总结沉淀后的跟进，有什么应不断深入和圆满的”，逐渐地清晰了自己为什么不长进，每天总结后发现自己的问题堆了一堆，却没有跟进深入去化解那个问题，以至于自己还是那个自己，感恩老师的提醒，在这方面要用功！

一日小结

曹老师：今天又快过去了，我们落实的两点怎么样呢？肯试试吗？有了这个基础，会化解生活工作学习的分离感，让我们身心愉悦。

2015年1月14日

曹老师：今天是第2周期的第3天，我们继续固化所学的内容。澄清“围绕着什么干要清楚”到底是什么。

无论你干什么都以围绕身心稳定为主。具体思路方法是先把“五点”立住了。以它为中心再安排其他内容，自然都在增长稳定，弱化无序的乱象，否则无论做什么都在制造乱象。人不舒服的根源就是它，但都不知道啊。有了它，整体意识、基础意识，大背景和统调的综合思维就自然形成。生命成长不是理论概念的堆砌，是行动后的沉淀体验。不是我非要重复，这些是根据大家状况慢慢来。请大家就此话题用文字回应，仍不懂，可问。

家人分享

· 一上午都在全身心地投入工作，大功告成时正要舒展腰身，突然发现窗外不知何时已是雪花满天，顿时醉了……雪花用轻柔飞扬的舞姿表达着自己短暂的生命，我用专注、低耗能的状态表达了自己……

· 静胜躁，寒胜热，清静为天下正。古圣先贤口中高妙的人格境界，就在每天这简单的五个点中一点点培养出来。

·今天心中有爱，真心地涌出对公公婆婆的爱，很心疼他们。第一次，看着他们的眼睛，慢慢地，不疾不徐地听他们说话……

·今天做事的节奏恰当了，眼脑手都慢下来，听从心的指挥，它们不再冲突和打架，非常融洽。心里始终有一个声音：五清五清。

一日小结

曹老师：今天将过去，是比较自主的，还是像赶庙会呢？认真地过过脑子，感觉一下。你若能定下自己，那些定不下自己的就被你影响，相反，你就是毛躁。你愿意吗？

2015年1月15日

曹老师：第2周期的第4天。昨天的总结沉淀了什么？继续跟进。如：围绕五点需要完善的是什么，怎么做要贴切发生的，让所想和所做更加统一。体会“现实”就是所想要还原到发生中，否则叫乱想。今天就围绕这点认识疏理自己。

家人分享

·落实基本五点没问题，感觉心里比以前要安稳多了，很“定”。另外，做事有些没考虑好细节，造成超出计划的时间，也和不喜欢有关。欣喜的是对考试要看的书有了立体框架的认识。

·本日计划已完成。今天刷碗时突然想感受一下，闭上眼，碗泡在盆里，圆圆的，润润的，感觉很新鲜，也很舒服；该涮碗了，打开水龙头，水冲在碗上，心里闪出一丝难受。后来一想，可能是水打扰了我对碗的体验，而我对打扰有一种不舒服的身体记忆吧。

·想和做要统一地感受：刚看完曹老师的提醒，去吃早饭，自己想，吃饭就是吃饭，看着饭吃着，专一地吃，结果这个早餐我越吃越香，最后自己都惊讶，原来都是一样的饭为啥没有这么香，真的很长时间都不知吃的滋味了，感恩曹老师的教导！

·老师好，提供小小反馈：之前未曾上过课的我入群以后的刚开始几天，.不了解您的功课内涵难以跟进；后来虽然能懂得功课的一些字面意思却感到无从下手；今天终于静下心来，初步看了老师在其他群里连续三周的功课及反馈记录，两个感触：1. 落下很多，没能从一开始同步跟进，挺可惜，私下慢慢补课；2. 有老师的引领真好。

曹老师：这种带法适应各种早学的或是晚学的，没有障碍的，多看一下，从那五个点开始做，慢慢地就会懂，跟着往前走就可以。

2015年1月16日

曹老师：第2周期第5天，今天整体围绕的功课是如何计划和总结。

1. 计划

围绕的是让什么发生的时间、地点和为之的准备意识。

①统筹思维和感觉整体和大背景是怎样的意识状态。

②自然地调整自己与整体的各种关系，自我要求和需要的相互转化。

注意的点是计划是整体性的，不细写，要用心过脑子，也就是在脑子里立住这些计划的点。再围绕这些点具体落实。现在还没带这部分，能做多少做多少，不要用强力。

2. 总结：

①总结意识能帮助你时刻提起计划，并对照所发生的进行调整。

②认识自己。

③沉淀今天做到的和明天需要继续圆满的。今天是很具体地带大家做跟进哟。

家人分享

·感恩老师的鼓励！我会继续跟随老师和家人们往前走，体会丑小鸭蜕变成白天鹅的过程。

曹老师：我们原本都有丑小鸭的过程，才会变成美丽的天鹅，所以大家真的能够接受自己是个丑小鸭的时候，就开始变得美丽，非常为你高兴。

·今天会有家人到心归乐园体验吧，真心为他们高兴，直视自己需要好大勇气的，每个环节都能感受到“物有本末，事有始终”，相信他们一定收获满满。回想当时一个个片段，心里已不再震惊，而是温暖。感恩曹老师和心归乐园的老师们，祝周末愉快！

·亲爱的家人们，这几天工作的事情多，有很多突发的事务，我基本都在忙乱中度过，前几天还有大背景，后来连大背景的意识都忘记建立了，细细体会自己：随意性；心的专注欠缺；自己就是毛躁；没有计划地做事，整体意识不够。原来我是这样的模式。

总结：开始逐渐接受不完美的自己，发现痛苦减轻，逐渐敢于直言真实的内心。在这些天的学习过程中，虽然自己没完全跟上，但也在进步着，呵呵，这种感觉很好！感恩老师！感恩家人的陪伴、分享，我这个笨小鸭会继续跟随着大家。

2015年1月18日

曹老师：今天是第28天，4周过去了。已经从这个点上基本上看到了你整体的为人处世的态度，你自己总结一下吧。

你真的体会到了，就会看到整个操控你的大背景模式和为什么你的家庭事业是现在这个样子。人生就像马拉松，此刻已拉开了序幕。你在哪儿？在评论、评价、批判、找原因理由、抗拒、不接受吗？不要紧，接受自己是这样的吧，对自己完全臣服才会真看到自己，拥抱自己，那一刻你自由了。

家人分享

·我请问老师，接受臣服是最后的功课了吧！（如果生活中的一切都可以欣然接受，那就没有什么问题可言了呀。）所以就修这个“接纳”不就完了吗?

曹老师：就是这样的好主意。

·带着喜悦心接纳生活本来的样子。

曹老师：带着接受和臣服的心，如实看着一切的发生。

·通过一个月的学习看到自己整体为人处世的模式，评价、评判、求认同、怕否定、抗拒、不接受。坚持基础五点，看到生活中一点一滴的变化，精神面貌好多了，身心安稳，更加积极主动。发现不评判、不抗拒，人、事、物的本然面目才会呈现，就会更有力量。在评判、评价时能慢下来看到自己，就知道要怎么做了。看到事情终始，更加有序了。理解了止语真的是一种境界，活到不评价、不批判、如实的世界。感恩曹老师不离不弃的引领和陪伴，小组成员的互动连接，感觉活在有回应同时回应着的家园中，非常的温暖。

·老师：这次去中心学习又看到了内在很多之前从未意识到的，我感觉到了当下就在解脱！这种喜悦无法言表，只剩下了感动。感恩您！感恩您的团队！感恩真实存在！

曹老师：能看到这些，未来一定会成为你的，因为你的用心，将来会有更多的人感到快乐。

一日小结

曹老师：今天又将过去了，整体总结一下呗。真看到了什么？沉淀出你真要面对直视的点。问自己就这样重复下去呢，还是去面对？如果真的直面了，那个转化自然发生。回应是一种品质，而不是答案内容的对错。

2015年1月19日

曹老师：第29天了，练功夫的地方感觉到了吗？就是契入你生命需要的点，不仅仅是感官或生存的需要。如果有了它，你会体会到踏实些了，不再慌慌张张。

家人分享

·昨日下午抽空去游泳，游的时候感觉不能静心，甚至恐惧被水呛到，对水开始抗拒，不敢游到深水区。旁边一位游泳很好的叔叔告诉我说，游泳就是练静心，浮躁时根本游不好，你得亲近水，跟水做好朋友，感觉自己跟水很开心地在一起玩儿，就会游得很舒畅，自然也就不会害怕，一试果然！体会：人与宇宙万物共处时内心不抗拒、接纳、尊重、回应，一切都会和谐顺畅。

·能体会到基础五点犹如五个顶梁柱，撑起了一个安全安稳的属于自己的空间，不需向外抓取，可以自足。另一个关键问题是如何合理安排空间，使其有序不凌乱，这就需要对所要摆放的那些物件有清晰的感觉和整体把握，并为“摆放”这个动作做好准备。这是种能力，是我所缺失的，常常找不到感觉，并因此焦虑不安，现在知道，是心里对基础五点作用的忽视，造成空间不安稳，对人、事、物总有自己的理解，自以为是，这些都让我失去了感觉事物本来模样的能力。我会给自己时间并坚持体察自己，只接受，不评价。

·当有整体思维时，以前困惑痛苦的地方只是一个点了，也不觉得困惑痛苦了。体悟生命。

·我现在也不取悦于人了，有时候大家觉得我有点奇怪了，说我变了。

·我也好多了，能察觉自己怎么了，不围着现象打转了，处于接受的状态。加油！

曹老师：取悦别人真的是很累的，看到自己内心发生了什么很重要。

一日小结

曹老师：今天将结束了，体会到若感觉着生命需要为人处世时，内心的空间感会很大。若只是满足感官或生存需要，会很累。如何回归生命，协调两方面的平衡，是每个人要下的工夫。这是基本功。

2015年1月20日

曹老师：咱们的家一个月了，你温暖吗？为自己和家人做了些什么？万事万物是回应的产物，你体会到什么了？这个月我们从整体上就围绕着一点做了，是什么呢？用的什么方式？建立了什么？收到了吗？

家人分享

·一个月总结：我们全家跟随老师将近两年的时间了，非常受益，现在非常赞自己的一点就是能够认识到这一生要做什么、学什么、跟谁学，但是觉得以前跟老师学了，就打包放在那儿。通过这个月老师带的这些功课，才把从老师那儿学的东西一点点地落实。非常庆幸有这样的机会，也非常珍惜这样的机会。这个月收获的是：能随时提起基础意识和整体意识，物有定位，能随时觉知自己的随意性、拖拉。对孩子能宽容，情绪少了。做事时能提起意识，先有思路后行动，按照程序做，并告知自己要做就做好，体会到自己身心的安稳，但是这些需要时时提起意识，坚持下去，否则又会归零。不足之处还有很多，但是坚信跟着老师会越来越好的。感恩老师！感恩家人们！

·这个月收获很大，作息规律了，能够早起了，每天有计划，身心安稳，开始建立整体思维大背景和基础决定意识；觉察到自己爱想、拖拉和无力的模式，遇到时间紧迫的问题时，能觉知到问题是假象，是一种排斥和不接受的心理，随之做规划化解，爱想的模式也大大弱化了。这个月进步很大，收获超过之前好几年，感恩曹老师，感恩家人们，我爱你们！

·一股暖流和力量在身体内涌动，抬起腿前行了！用爱包容拥抱那个一直硬硬倔倔，熟悉又陌生的自己，身心变得调柔通透了。

·跟随作业一月余，清楚地看到了“拖延、纠结、抵触、焦虑、烦躁”几乎每日都有发生，摆脱不得，后来知道，这就是我的样子！好吧，既然这样，那就接受吧……然后，我发现自己会拒绝了，再然后，孩子有一天说心里感觉安稳了……此时，我惊喜地发现，我在转变时，孩子感受到了，并随之发生转变。到今天，我又看到了自己的另一个模式，对待朋友虽有真诚，却不能掌握好对方是否能接受的度。不管怎样，我在变化着，速度很慢，但我接受。

·此次学习，遇见了未知的自己，我感觉到当下阻隔我多年的无形物瞬间脱落了！那种喜悦无以言表！另外看到了其他学员学习后内心的喜悦，真为他们高兴！同时从他们的经历中让我体验到很多生命的真谛！感恩这次相伴！

·感恩老师！在这一个月的跟进中，我体会到建立整体意识和基础意识给自己带来的益处，思路清晰，做事逐渐有条理，感觉到老师和家人对我的关注、关心，我感受到了家庭的温暖，但自己并未为这个家和家人做过什么，我在对地球的回应上，还未有真实的体会。

曹老师：一切的发生都是回应。

一日小结

曹老师：一个月过去了，回头感觉一下你收获了什么？认真总结是能量的囤积，无论坚持得如何，只要面对这个真实的发生，就在回归自己的生命。体会一下吧，很有力量的。

2015年1月21日

曹老师：第2个月的第1天，请回应自己还在吗？放大这一个月，就是你的人生，从中的答案是什么呢？对自己的关注和专注状态如何呢？自己是自己的主人，还是完成某个目标的工具，这个本末大小沉淀清楚了吗？若清楚了，每时每刻都在接收着生命的表达，若不清楚，生命都是在无谓地消耗，以失去快乐幸福为代价。请你跟进引导，认识自己的模式。直面发生的现实，突破模式的束缚，解放自己。可以提出困惑，我们共同探究，一起同行。

家人分享

·父母的心即菩萨心，为了让我们吃到炸丸子，公婆在厨房一直忙到夜里12点多（经常这样），他们心里只有孩子们吃到丸子时的快乐，为此无累、无困、无时、无我，这就是父母心，天下父母心！满意的点：和外甥侄子开心地聊天、掰手腕，发现孩子们率真、前卫、阳光、有力（以前光挑他俩毛病）。本日计划已经完成。体会：这些年都是靠大脑活着，现在才意识到，用进废退，不知不觉中感觉能力已经缺失很多，常常脑子飘走了，感觉不到什么了……

曹老师：感觉能力本身就是一个整体的视角，如果没有了感觉能力，那我们活着就是一种支离破碎的状态，体会一下吧！

2015年1月22日

曹老师：这个月的主题功课是，围绕连接更大的整体。

1. 以一天为整体，以计划为连接。

2. 以幸福之家为整体，以关心每个人为连接。做提醒，对他们到位地支持。

3. 以原生家庭为整体观察，以他们的内心需要为连接。

4. 以工作单位为整体，以过去没有看到的为连接。

5. 以这些点为整体，以认识自己为连接。体会主要是运用整体意识，培养、扩大自己的视角。

家人分享：生命的链接——“心归乐园”学习感受

静下来写这段分享，我觉得非常有必要，无论对于我，还是看到的人。

我去之前的问题：第一次去曹老师那里是三个月前。当时自己觉得到了人生的死路了，33岁的大姑娘还没结婚，也没谱，虽然找婚介、找朋友介绍，相亲了十几个，但都没有下文，这让我更加自卑。工作上，好好的金融策划的工作被我辞掉了，自己做生意，结果垫资几十万收不回来，运转不下去，连生活费都成问题了。每天在家压抑着，不想见人，也不知道要干什么，心里着急，轻度的抑郁（我爸爸是重度抑郁）。我当时一个心念是这样下去我会疯掉，我不能再这样下去了，所以就像找“救命稻草”一样寻找出路。当时不认识曹老师，也不了解，只是看到苗老师这两年在曹老师的帮助下脱胎换骨般的变化，内心一股力量在推着自己：去吧，去吧！我当时并不知道会有什么结果，会给我带来什么变化，但是这是我唯一的路，我要去。

可是我又想带着我的父亲，因为我知道父亲的状态也极度的糟糕，每天给我打电话说想要死掉，我极度想拯救我的父亲，我想带着父亲出来；同时我也知道我的父亲和我的能量是紧密连接在一起的，我对男性沟通有障碍，对婚姻有恐惧，所以想让爸爸过来和我一起面对我们之间的问题，当时就这个想法。当我哭着跟爸爸说让他来北京时，爸爸拒绝了，他说他走不动，也帮不了我。我当时都要崩溃了，撕心裂肺地痛哭，我觉得爸爸不爱我，我被抛弃在这个世界没人管、没人问，我快要死掉了，请求爸爸救我一把，他拒绝我，我恨死他了！妈妈着急了，逼着爸爸来，后来爸爸说他怕帮不了我，怕身体支持不了，最后还是颤巍巍地来了。在车站接到走不动路的爸爸，一个人过来帮我，我的心融化了，我感受到了爸爸强烈的爱。

到了曹老师那里，我觉得我想要面对的问题太多了，工作的问题、婚姻的恐惧，还有自卑抑郁等，我都想要解决。后来在老师的帮助下我看到了自己当时内心最大的恐惧，最想要解决的问题。老师一点点地帮助我和爸爸。在那两天里，我真正看到了爸爸，理解了爸爸，也看到了我对爸爸的爱、爸爸对我的爱。心里的很多问题就在那时候开始脱落，开始松绑。

回来之后，我感觉在一天天地变化和成长。我看到了自己的“被遗弃，自卑，不够好，不配得”的潜意识，这些也是阻隔我婚姻的一个大石头。慢慢地心觉得轻松了，觉得自信了，看到了自己生活得如此不容易、如此坚强，我学会一点点地爱自己。每天觉察自己的念头，心渐渐地安定下来，有规律地生活。只用了两天的时间就很顺利地回到了原单位，工作很顺利，生意的款也慢慢地回来了。我也看到了自己“想拯救父母的情结”，一直在“帮助父母”，帮助他们解决问题，委屈自己来让他们开心，付出自己来成全别人，这让我成为一个没有自我的人。当我看到并要做自己的时候，爸爸也好了起来，多年的抑郁症好了，从走不了路、吃不下饭，到现在每顿两个馒头，全村溜达。这让我感受到了这种内在能量的流动，变化是那么的快，那么的让人感动。

在这三个月内，真是一日比以往几年的收获还大，每天都会感受到我的模式，我的生命是怎么一回事，我是怎样的，我的原生家庭是怎样的……这些都让我更加理智和内心平静，也让我看到家族能量的影响和爱的流动。突然看见了生命，看见了一个真实的世界，那是潘多拉的盒子，每天都会用各种方式赐给我礼物。这个钥匙就是我们愿意去面对自己的每个情绪和念头，愿意去看见，曹老师帮我们看见了我们自己。我感恩曹老师拯救了我和我的家庭，这是永恒的。我希望我的分享能给很多在困苦中不能自拔的人带来一丝的希望，能愿意真正地面对自己，与幸福连接。传递幸福，是我给大家最好的回报。

心归乐园学习有感而发

董××

2015.1.22

学习感受

2015年1月16日，我带着我的问题，在苗老师的带领下，我们七人一行去了张家口“心归乐园”进行了为期两天的学习。确实不虚此行，感悟收获颇多，留下的整体印象就是：那里让人“身心安稳，定向有序，无处不教育”。

一、所及之处，一律整洁

这点苗老师早已介绍过，听后心中很是赞叹，也很好奇，这种好奇心驱使我注意观察。当我们一进大厅时，大厅的干净整洁有序立刻让我眼前一亮，心中暗生赞叹。我看到每个物品的上面都用一块白布盖着，体现着精致有序的生活。餐桌上餐具摆放整齐有序；我们放水杯的地方，各自的水杯都放在固定的位置，旁边的暖水瓶上也用白布盖着，地面上放着一块抹布，随时擦滴在地上的水。这样的摆设是一种无声的语言，时刻提醒着人们身心安稳，定向有序。

放好行李后，我和苗老师在客厅里观察学习，我顺手在墙上的镜框上沿轻轻摸了一下（确认是否有灰尘，有些不敢相信），结果，我的手指是干净的，我不禁吃了一惊，还真是一尘不染。不仅如此，就连所有的犄角旮旯也是如此，我不禁顿觉震撼！真是一片净土呀！

二、处处是文化

心归乐园每间屋子的墙壁上都挂着不同内容的字画，置身其中无时无刻不受着文化的熏陶，净化着自己的心灵。

1. 洗手间文化

心归乐园的洗手间是一个无言教育的课堂。感受最深的是洗手时会不自觉地把水龙头的水量放得很小（这点在一德书院也有此感觉）。在那个环境里如果放大了水量就会有一种负罪感和羞愧感，这是我发自内心的感受。记得当时洗手时，我说“在这里洗手会自觉地放小水量”。苗老师说：“只要你做到了，不用说，静静地去体会，放在合适的环境中就会做出适合的事。”确实如此，洗手间里的那种摆设会形成一种强大的能量场，感染着每个人，使人产生一种自觉的良好行为，产生这种效能的，源于洗手间里既简单又朴实，既实用又有指导性的布置：

每个水池里放一个小塑料盆（一德书院也是如此），这是无言的提示。当我看到这个小盆儿，我真的就从心底不好意思放大水量洗手了。

洗手间里还放一个大水桶和两个小水桶，洗手洗脸后的水倒在大、小水桶里，用来冲厕所。在这里用水量最少，且没有浪费掉的水，把每一滴水都最大化利用了，把每一滴水的作用发挥到了极致。

如果人们都像心归乐园这样，物尽其用，把物的价值发挥到极致，节约每一种资源，这将是地球的福音，更是人类的福音。这也是对物的恭敬、敬畏。物是有灵性的，人类对物恭敬了，物也会以同样的恭敬回馈给人类（《水知道答案》就是最好的证明），天地万物才能和谐。人类将会减少很多自然灾害。

2. “善洒扫”文化

两天的学习，两次体验了“善洒扫”，感悟很深。

从“善洒扫”前念“善洒扫”口诀，到根据口诀准备用品、干湿布使用的顺序，再到地板的擦法，各个环节无一不是那么的定向有序。只有这样，才能体现“善洒扫”的核心——还原事物的本来面目，体现对物的恭敬。每人只用半盆水就能把地擦得干干净净，其中的奥妙也只有参与了的人才能体会得到。

当跪下来擦地时，真正体会到了擦地就是在擦心，自己就是那块抹布，当时就看到了自己以前的傲慢。一个人只有把自己放低了，傲慢心才会降下来。

当手贴实地板擦地时，自己平时那颗急躁的心立刻安稳了下来，也看到了自己平时不踏实、急躁的模式。

顺木纹顺序擦地板，还原物的本来面目，让我们感悟到物的灵性，对物升起恭敬之心。

3. 关照陪伴文化

心归乐园的老师关照学员的需要无微不至，关照到吃、喝、行、住、坐、卧等方方面面，每个环节都会给予提醒，但不会要求，让人放松。只要学员有需要，好似“伸手可得”的陪伴在你身边。

4. 洗漱文化

用半盆水洗脸、刷牙、洗袜子、洗脚，并且都能洗干净。这在家中是做不到的事，可是在心归乐园做到了。洗脸也是定向有序的，且洗得很干净、很到位。最后洗脸的水用来冲厕所，这一环节也是把水的价值发挥到了极致，最大限度地节约了水资源。

5. 洗碗筷文化

洗碗时有洗碗口诀，这也是培养人们身心安稳、定向有序的用意所在。半碗水能洗干净自己用的两个碗、一双筷子。仅是洗碗一项就节约了多少水？真是令人感慨！赞叹！

6. 就餐文化

心归乐园每餐都有两个特点：一是念感恩词。每餐前都要念感恩词，对此我非常感兴趣。回来后我先从自己做起，在家中吃饭时念感恩词，时刻提醒自己对人、事、物都要有感恩之心、恭敬之心。提醒自己时时记得“粒粒皆辛苦”，从自己做起，节约每一粒粮食，从而也能影响家人知恩、感恩，吃饭不挑剔、不剩余。二是一日总结。吃饭的同时有一位老师对自己一天的工作进行总结。回家后我也在践行着，吃饭时按照此方式进行总结，从改变自己做起，培养自己制订一日计划的习惯，养成善于总结的习惯，养成善于发现别人优点的习惯，使自己强大起来，正能量足起来，使自己的正能量在家中流动起来，使家庭更和谐幸福。

7. 换拖鞋文化

在我们常人看来不起眼的拖鞋，在心归乐园也会形成一种文化影响着每一个人。每个屋门口都备有拖鞋，每个人的拖鞋和所放的位置都是固定的。每进一个屋都要换一次拖鞋，看起来麻烦点，但我认为其中的用意却是别具匠心的。我的体会是：它能让人慢下来、稳下来，加强了觉知力。如果长期坚持下来，身心安稳，定向有序的生活模式也就自然而然地形成了。

三、找到了自己的问题根源

自结婚以来，和丈夫矛盾不断，以至于对他意见很大，总觉得丈夫不关心自己，不体贴自己，成天抱怨唠叨丈夫的种种“罪状”。

我也一直以为自己非常孝顺妈妈，从物质上给予了妈妈很多，但自己的力量有限，曾一度觉得压力很大，身心疲惫。两方面的事情积累到一起，致使郁闷沮丧的情绪时时萦绕在心头不能自拔。我却把这种情绪的来源都归结到丈夫身上，时常对他发脾气，极大地伤害了丈夫和女儿，自己也痛苦无比，也很想摆脱这种痛苦，但时好时坏，不能自已。

带着此问题去了心归乐园，通过学习，找到了自己心情郁闷纠结的根源。从家庭系统中我看到了郁闷的情绪与丈夫没有关系。这么多年来，一直不能好好享受幸福美好的生活，而是揪着丈夫的"缺点"闹来闹去，内耗着自己的能量，使自己也变得像妈妈那样无力。这种现象是自己用眼睛无法看到，用大脑无法想到的。"追随妈妈的无力"才是我老和丈夫闹，致使心情郁闷纠结的根源。问题的根源找到了，曹老师也给了我接下来要做的功课，这下心里轻松了很多，心情好多了。近几天对丈夫的怨恨没有了，丈夫各方面的好处也都浮现在眼前，对丈夫的感恩心也多了起来，也能直面自己的过错了，并当着女儿的面真诚地向丈夫道了歉。现在能做到每天早上一睁眼就祝福公婆、妈妈以及所有家人，带着一颗爱心开始一天的新生活，心情自然而然地就高兴起来了。

四、家族背后隐藏着巨大能量

此次学习不仅找到了自己问题的根源，还从每个人的个案分析中了解到每个人的家族背后都有巨大的能量，这种能量看不见摸不着，但它却是真实存在着，它可以是助力，也可以是阻力。当它成为阻力时，它会影响着我们的家庭运势、夫妻关系、身体健康状况、子女婚恋状况等。比如，当我们家庭某方面出了问题时，我们一贯的模式就是只会看到问题的表面，只揪着表面现象来处理，互相抱怨，互相指责，互相伤害，影响感情。可是我们都不知道，我们用眼睛看到的、用大脑想到的多为假象，不是问题的根源所在，我们往往却都自以为是，把问题过错推到对方身上。通过学习我才真正明白了，家庭中所有问题都不是对方的问题，和对方没有直接关系。问题的真正根源是我们自己家族背后隐藏着的巨大能量，它让我们卡在那里，痛苦、纠结、家庭、财运不顺等。这个根源在曹老师那里能帮我们找到，并且能直观地展现在我们面前，从而让我们换个视角去审视我们的问题，换个模式去处理。这样一来，我们的问题会得到圆满解决，幸福会向我们招手。

感恩曹老师！感恩心归乐园团队！感恩一起相伴学习的家人们！

祈愿还在痛苦中的家人们缘分早日成熟！早日能去心归乐园学习，拥抱幸福！

2015年1月23日

曹老师：时间已经过去1个月零3天了，为什么我一直都在用各种方式提醒建立整体意识呢？主要是针对我们常常不自知的两种常态。一种是沉在自己感兴趣或必须做的事物中，钻进自己的世界，忽略其他的状态。另一种是对自己和外环境的一切都是随意的状态。通过跟进咱们每天的引导，你感觉一下是不是触碰到你这些了。这里面还可以收获最根本的“用心”，体会什么是用心。

家人分享

·譬如此刻我就在用心领悟曹老师的“箴言”，每一句都有含义和韵味，需要实践，需要带着感觉去跟，但又不强迫自己，这样就不拧巴，心就容易打开，心就如水一样柔和透亮舒坦，可以汲取到周围人和环境的力量。这颗舒坦的心可以化解掉很多所谓的“事”，事少了，发生的一个个真相，都成了一个个恩典，再把我们变得更美好、更强大、更调柔！

·感恩曹老师用心地引领和陪伴！这些天的课程犹如带着我在一

个通道里往前走，前面可以看见光亮，自己很欣喜地随着光亮的指引雀跃着前行。确实过程中磕磕碰碰、跌跌撞撞，也发生了许多奇妙的事情，正如曹老师所说，随着整体意识的建立，我们退到了更宽大、更浑厚的一个背景中，再看看自己，有些熟悉又有些陌生，自己能接纳的事情范围更宽泛，不再纠结琐碎的小事不放，乐于感觉每一刻发生了什么，去问问生命到底需要什么。"用心"不再只停留在感官的愉悦，一直往心那儿走，突然觉得好感动。这些年下来，我的心最孤单的是被自己扔在那儿不管，只听大脑的指挥，心的力量就那么滞涩着，没有什么作为。

心一旦被启动，什么事都用心，而不是仅仅用脑，我发现：事情的纬度更多了，随意性减少了，每天都有主题和计划，计划中的事情自己像被一种力量吸引一样专注去完成，并有了更多的智慧，不再那么笨拙和较真，人更灵活和知道变通了，原谅了自己，也看很多人顺眼顺心了，似乎找回了我和周边的谐振频率，轻松自信快乐，经常哼起"呼伦贝尔大草原，白云朵朵飘在我心间"……

当自己的"故事"和别人的"故事"那么相近，可以毫无准备地痛哭流涕，不是被感动，而是受触动，内心突然像是打开了一扇门，有些东西更加清晰，内心封锁的一些东西也在肆意地流淌，也让我更加体会到分享的意义所在。感谢那位暂时还未谋面的姐姐分享的《生命的链接》，我很受益！我想，此刻，您便是我的知己。祝福……一期一会，哪一期都是如此珍贵！

·刚看了《生命的链接》，特别感动，很受触动，谢谢分享！在这里面，看到了我自己内心的黑洞……有一次上一个公开课，那天拥抱了好多人（其实有点抗拒），后来我想到我连我的父亲和母亲都没拥抱过，我脑子里知道他们是爱我的，但总是不能很好地靠近他们。上次回家，好不容易鼓起勇气和妈妈拥抱了一个，妈妈嘴上虽然说"干吗还要拥抱"，我看到她其实非常开心。这次过年回家我想好了，一定要拥抱我的父亲和母亲，也许他们还是那样，自己内心对父母的呼唤已不再是对他们的要求，而我是独立的生命体，我要绽放自己的生命，我选择自己的表达方式。有一天，我会成为自己的主人！

·2015年1月17日、18日这两天，我们结伴同行的七个人一起到曹老师那去学习，我们不仅感觉了大背景对人的影响，而且长久以来困扰我的问题也找到了根源，知道怎么解决了。在曹老师那儿住了两天，不一样的感觉，全身心地放松。心归乐园，发自内心地说声“太好了”。

接下来的三个月，好好做曹老师留的作业。我的问题是不知道为什么对自己的孩子没有爱，孩子从小到现在十几岁了，我心里没装过她，小时候爱人带孩子比较多，我不爱弄孩子，去哪也想不到给孩子买些用的玩的，都是爱人来买……理解我的人说当妈妈有下岗的，我第一个下岗，还有人说，孩子和妈妈的关系就跟吸铁石一样，紧紧地吸在一起，你就跟没有孩子一样。一天孩子问我，妈妈你爱我吗？我说你是我生的，怎么会不爱呢？孩子说：妈妈，你仔细想一想，从小到大，你都为我做什么了？我静下心来，是呀，我眼里根本没有孩子，我不是冷漠的人，对亲戚的孩子都有爱，为什么对自己的孩子没有呢？我百思不得其解。带着疑问，我来到了曹老师的心归乐园开始做个案，找到了问题的缘由。谢谢曹老师，努力体会大背景，希望早日回到乐园。

一日小结

曹老师：今天将结束了，上个月是从建立自身连接开始打基础。到这个月以此为基础，形成对更大整体的感觉。这的确是人生的大工程，没有这样的基础背景，人就在玩钻迷宫的游戏，有快乐的，有悲伤的，有恐怖的。还继续吗？

2015年1月24日

曹老师：今天是第2个月的第4天了，功课是在一天五个点的基础上，对幸福之家的家人给出最有力的关怀和支持。细细地感觉他们需要什么，体会自己是富足的，还是匮乏的，如何让自己真正丰满富足。如果内心没有，即便外在看似有，也无法填补内在的空洞啊，我们要在这上面打基础了。

家人分享

· 曹老师提醒我们建立的几个视角，是生命成长需要的品质：整体意识、基础决定意识、思维大背景，这些对于人生幸福极其重要的品质往往被人们忽略，但在老师引导我们实践的简单易行的五个点——三餐规划、一天计划和总结中可以自然而然地建立起来。有了整体意识，在任何环境中都会自然地去关注更多相关的人和事；基础决定意识一旦建立，符合于道的事会自动去做，有损它的事很自然地不再做。比如规律作息是有益身心的，但很多人做不到，强迫自己去做的，往往是拿外在的标准和自己的内在冲突较劲，很拧巴，最后也很难成功。有了基础决定意识，很多原来期望自己做到，却又很难实现的事情，都会自然地发生，就如古人所说的“任运自如”“随心所欲，不逾矩”，无须外在的规范或戒条，言行自然合于道。无他，只是活出了生命本来的样子。

一日小结

曹老师：今天又将过去了，体会到富足是什么了吗？用生命感知生命，在那一刻你是一个自然的发生，贴切于每个生命，那种一体感是生命的全部，自己去感悟它吧。

2015年1月25日

曹老师：第2个月第5天了，上个月从基础上建立了一天的五个点，本月又在建立拓展应用的五个点。你不需要非死死地干什么，只需要先提起这些意识，记住这个月的五个点，在现实中去观察这样做的好处和不这样做的结果，让这点清晰起来，转化会自动发生。体会一下这个步骤，这一切不是强迫你或强加你什么，是提醒你在原有的状态中清楚起来。有了这个基础，生命的自性会发挥出本有的价值。

家人分享

· 家里炊烟不起：一个家庭假如长年累月不见炊烟，不见做饭吃饭，不见锅碗瓢勺交响曲，那么这个家庭存在败家信号。现在生活条件好了，工作紧张了，很多人总不在家吃饭，这样短时间内还行，假如长时间这样就不好了，从风水上讲缺少“火”气，必须注意这点，不然容易家道败落，运气下行。

· 这段话太好了，给了我莫大的启示与点拨，曾经的我是一个极其不爱做饭的人，虽然老公很疼爱我，但是因为常年很少能吃到我做的饭，他有些懊恼。他其实要求并不高，只要是我做熟的饭就成，但是我总不以为然。直至去年，他和我妈妈说了一些心中的不满，我感受到了些许暗藏的危机，我也意识到了，作为家里的女主人，自己问题的所在，因此我开始每周给我老公至少做三到四次晚饭，每天早上起来都给他做早餐，我慢慢地感受到了许久未有的和谐。并且老公朋友的太太说我比过去柔美了许多。

· 感恩曹老师的提醒和点拨！是啊，近些年来很多时候我们的生活被外包，表面看我们有更多时间投入工作、投入交际，可我们的身体在呐喊，我们的亲情在呐喊，我们的内心在流泪，它们都渴望回归自然的状态：家里有炊烟袅袅，锅碗瓢盆交响曲，家里有大人孩子一起吃饭一起欢笑，享受正常的人伦之乐，家是我们每一个人身心安稳栖息的温暖港湾。

一日小结

曹老师：今天将过去了，又积累和沉淀了什么？它决定了你过得愉快还是不愉快。分享一位家人的心得吧：

家人们早上好，感知力美好极了，倾听并回应着周围的灵动，茫茫人海中的迷宫终于有了心的陪伴和指引，不试试看怎么知道丢失已久的感觉力量有多大呢？

曹老师：感觉到这份力量了吗？其实每个地球人的日子都大同小异，就是用心程度决定着你是否快乐。我给出的用心点，你跟进了吗？当你带上这些点，所有的条件就自然向你涌动，若仍重复随人就事的状态，以分割自己作为代价，以命取利又有什么意思呢？连自己都利不了，说利他利社会，不太容易了吧。切记一天五个连接点和对应连接的五个面，这叫开始用心生活了。

2015年1月26日

曹老师：今天是第2个月的第6天了。这段时间是幸福之家的基础建设阶段，其特点是就地取才，在自己原有的状态中进行疏理性的构建。人生只追逐自己想要的，就像是挖一个只能容下自己的黑洞，周边留下的都是“切下的截面”，那截面都是痛点的记忆。人怎么会快乐呢？

家人分享

·回头看这段时间在老师的引领下，意识上有很大的转化，觉知

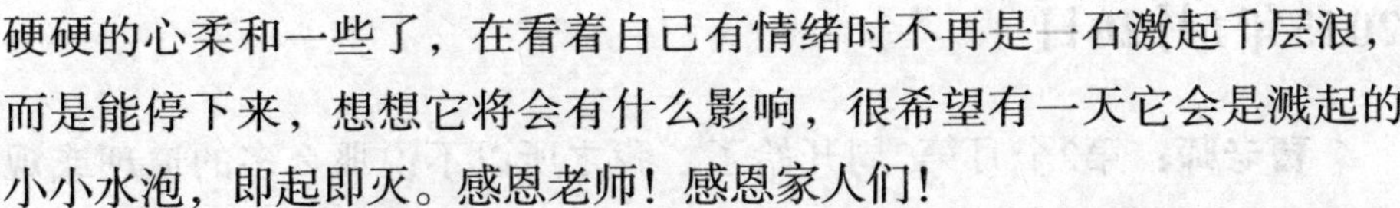

硬硬的心柔和一些了，在看着自己有情绪时不再是一石激起千层浪，而是能停下来，想想它将会有什么影响，很希望有一天它会是溅起的小小水泡，即起即灭。感恩老师！感恩家人们！

·看看曹老师就知道自己的渺小了，曹老师就站那什么不说也不做，你都觉得她散发着一种迷人的光彩。大气、从容、宽厚、慈悲温暖，望着曹老师，心里既有崇拜，也有一种亲切、被理解的幸福感！

·曹老师的话一下说中心里：我们的幸福之家不是让大家学什么，而是体会回归拥有生活的状态。只有常常回头感觉它，才能发现。让我们恢复感觉的能力是多么重要啊！以前很多事冲动蛮干由着性子，感觉总被扔一边，往往过后后悔遗憾，但如果真正知道回头去感觉那些发生，体会回归自己拥抱生活而不是被一些理念牵着跑时，心就不再拧巴着抽泣了，心一点点有了血色，有了活力，感觉到了久违的自我亲近感和看什么都顺眼了的解放感！

·总结：真是如老师所说，容易身在其中就不知不觉没感觉了，但要继续用心感受，这个才是关键，我每天白天都有点被杂事围绕忽略了感觉，直到晚上才回归自我，以后白天也要多感觉，这样才领悟得深。

一日总结

曹老师：今天又将过去。我们在一起是浪费了时间，还是有所收获呢？其实基本功的训练是枯燥乏味的，甚至重复一段时间后，都有些找不到感觉了。往往人们就在熟中不珍惜扔掉了，可这恰恰是关键。熟的永远是外在的事，若能多体会抓这些点的用意，就能从中升华于心，成为立体的看人处事的大背景、大视角。

2015年1月28日

曹老师：第2个月第2周开始了。我之所以不说那么多的道理或观点，是因为领纳道理观念的人，首先要能回到自己的生命中去独立地思考体验生命的真实，而不再是似懂非懂，一遇事就糊涂的状态。

前一段时间围绕的核心是，让我们回到发生的现实中，回头看到真实的自己，是什么样子就接受什么样子，真正体会到这个样子，不再抗争和期望什么，这才是幸福的开始。

比如你看到与家人相处的模式了吗？你看到公司有多少人，体会到他们整体的生命状态了吗？你的亲朋好友是什么状态？其实说起来很多，但我们要能提起“感觉他们的心”，一切都会在瞬间发生转化，就不会再纠缠于那些具体的困扰了。我们做了一个多月的铺垫，讲出了这些，希望大家多看多体会。

家人分享

· 今天体验到定力的极大作用，计划完成的质量不错，在过程中察觉到分心时，就停一下，心里接受这个分心，然后越过它，继续，直至最后完成，开心。

· 感恩曹老师一点点领着我们一步步走出生命的迷途，以前确实就是那样，也痛苦，也忧虑，也快乐，但自己浑然不觉，自己也不知家人生命的真实状态，甚至是逃避觉察，匆匆从一个迷宫逃入另一个迷宫。总是粗糙地算计着表面的好与坏、喜悦与悲伤，没有深入生命内里寻找答案，所以一路奔忙却依然神色不宁。今天细细体会曹老师的点拨，带着自己微微有所感悟的心回到生命中去，独立思考身边一个个真实的发生，通过周边的人言行，再反观自己，原来我们都是那么相像，互相都在进行能量交换，无论我们乐意亲近还是不乐意亲近的人，排斥别人、抱怨别人，往往受伤害最大的是自己。

·感恩老师点拨！您说任何状态下接受，就可以感受心的柔软，太神奇了。我一向执拗，给人感觉也是硬硬的，即便是接受，也是不情愿的。但这一次我体会到了柔软的感觉，感恩您。

2015年1月29日

曹老师： 今天主要是回顾总结，请大家仔细地读一读这些。

这个月的主题功课是：围绕连接更大的整体。

1. 以一天为整体，以计划为连接。

2. 以幸福之家为整体，以关心每个人为连接。做提醒，对他们到位地支持。

3. 以原生家庭为整体观察，以他们的内心需要为连接。

4. 以工作单位为整体，以过去没有看到的为连接。

5. 以这些点为整体，以认识自己为连接。体会主要是运用整体意识，培养、扩大自己的视角。

家人分享

·感恩老师，最近一段时间总是被情绪所左右，今天有幸看到这些课程，对我触动很大，我要改变心态。

曹老师： 看到自己的真实状态就会转化，不用非要怎样。

是的，曹老师，看到真实，就会转化，我感受到了，谢谢您。

·这两天我一直在反复琢磨老师说的：从出生以来，我们就在潜移默化地接受着各种影响，让我们成为这样或那样的现在的我。家庭的，学校的，社会的，甚至电视剧、电影、手机段子等，这些或多或少让我们失去了本真，失去了那个真我，进入了迷而不觉的状态。

·这些引导和提示，让我一次又一次看到自己原本不知道的真实状态，每次看到都会立即用行为上的调整来逃跑，证明我不是或已经改了，但那东西还在，还不断地回来，让我再次看到我还是老样子。但同时我也意识到我已开始走上内在的深刻的革命，只要指引的力量还在，老师在，我在，我的坚持还在，早晚有一天我会爬上去。

·我做得好的时候，会在心里想，我跟老师的步子不太远，急躁的时候我会想，噢，忘记了，继续修炼自己，跟着老师！心里面，是有一根筋在老师的幸福课里面的。

曹老师：短短的回应拉近了彼此的心，知道你们在呢，心里很踏实。

2015年1月30日

曹老师：今天是第40天了，今天的功课是围绕回归大背景。

1. 认识自己与父母交流的模式。

2. 自己与同事朋友的交流模式。

3. 体会这两者的关系。

4. 看到对父母的批判，渴望要求等不满情绪，在内心向他们道歉和深深地鞠躬，接受自己就是这个样子，不批判、指责、内疚，如果有这些，继续接受。

家人分享

·今天，我跟一个人聊天，她58岁了，老担心自己有这个病、那个病，我突然想起幸福课上个案处理时，曹老师笑眯眯的样子（像弥勒佛），她经常说，地球人都一样，我也笑眯眯告诉她，地球人都这样！这个年纪了，大家都一样，她说跟我聊了会儿，心宽了，我想这就是连接吧！和地球连接上了。

·身体非常疲劳，在家休息。未做计划，对老师的信息做了回应。但还是做了一些工作。中午对同事的工作和处理方式感到生气，后来想到了今天老师关于苦乐的提示，就从很强盛的气愤和纠结中走出来了。取消了参加晚上的初中同学聚会，晚上仍参加会议。会议中看到不同人思路的逐渐聚合，也看到了自己思维当中的模糊性和受情绪控制而触发决定的特点，和美国同事一步一步都围绕目标以及发生的事情来思维和做决定，看到差距，但感觉很受益。最大的收获是，看到了自己非常不愿开这个会，认为完全没有必要，是浪费时间和精力，特别是自己身体状况不好的情况下，另外也得到了其他中国同事乃至领导的认可；而会议中自己没有带着强烈的排斥，因而能进去一些，能听进去别人说的话，还能积极主动提出建议，也能看到别人的优点。当我进行总结和看到这些时，感受到的是喜悦、轻松，事已不再是事，也不再需要生气。

在这件事上体会到了决定我们苦乐的不是倒霉的事情发生了——我们永远也没法让倒霉的事不发生，而是我们是否具备了面对事情还能和他人在一起的状态，这是让我们能脱离了对苦乐的排斥与追逐，能真正、彻底解决问题的希望和方向所在。这种剥离，真是太难太难了啊，如果没有老师，没有方法，没有环境……

·谢谢老师。早晨处理了一件事，发现自己受到了固有模式的影响，没有回到大的工作背景，而是被自己的价值判断左右，认为部门领导动机有问题，避重就轻，因此在决断时会以这个标签来衡量，而没有考虑到大的背景，考虑处理结果对整体的影响。这是我根深蒂固的一个思维模式，容易拿道德准则衡量人，一旦贴上了标签，很难改变看法，而且会因为这个人不好而拒绝深入交流，道不同不相为谋。

在交友方面如此，在工作上也会受此影响。对于“好人”我会自然倾向，对于自己认为“不好的人”，先是抵触、排斥，以至于处理问题上会有障碍。这个惯性很强大，请教老师，怎么调整呢？先接纳？这个模式和我与父母的交流上貌似也有点关系，我和父亲的交流很畅通，父亲在家里是偏弱势，总是被母亲批评，我自然会同情父亲，而和母亲的交流上，我已经改好了许多，但有时还会有抵触，认为母亲脾气不好，不尊重父亲……写着写着，我发现这条线清晰了，谢谢老师，第一次看到这点。（今天写这段很有趣，边写边明白，原本没想到会梳理出这样一条线的。）

2015年1月31日

曹老师：今天是第41天，请你体会当“你拒绝或不接受时，内心实际上制造着更大的冲突，你处在那个冲突的旋涡中，那是一个巨大的力量，撕裂着你的生命”这句话。我们经常看到一些人，好像也不如自己能干、有本事，但就比咱活得“滋润”。咱还真不服气，想不通，觉得人家假。其实发生的事实是人家活泛，咱太较真，总在强调“正确”、评判，远离、不顾自己内在的发生。今天就观察自己这个模式喽。

家人分享

· 在心归乐园收获的另外一句话就是：不接纳与老想解决问题，就是在不断地制造问题。

· 呵呵，报告老师，今天试着放下自己的正确，觉得也挺好的。下午外出到顺义看同学，按照宝爸设计的方式路线，不去和他争论优劣，也挺好。虽然路上发生插曲但也没什么情绪，顺利解决。回想和宝爸的相处，我常以我认为正确的姿态去指导或批评他，但事实常常证明他的正确。

走川藏线前我因为他不做规划，和他生气，在路上却发现总有惊喜在前方；刚工作他要请假去日本参加学术会议，我和他彻夜长谈分析利弊不让他去，回来时发现他的收获远超出意料；因地铁不便他要买折叠自行车上下地铁骑，我又给人家分析利弊，且以没人拎车上地铁为由否定他，结果是地铁允许带车，他上下班方便省时……今天总结了我此前的行为，发现自己的“正确”是为了规避风险，害怕不好的事情发生，害怕事情超出自己的控制。宝爸在这方面不像我受限，反倒更自由，而且不轻易评判我的对错。我在我的世界里，没有感觉到对方，才会执着于自己的正确。

·拒绝或者不接受时，内心的确制造着更大的冲突。回首往事每一次与家人和同事的矛盾都是因为太较真，我这两年改了不少。但是，我还有个疑问，如果遇到原则问题呢？我也接受吗？

曹老师：原则问题就是还在想抱着自己的正确。

2015年2月1日

曹老师：今天是第42天了，功课是从看到的各种模式中，感觉一下别人的感受和那种模式下的关系。从这个关系中体会和父母的关系模式。转化会自然发生。

家人分享

·真是更认同了曹老师在讲课中谈到的时代发展到了今天，大家遇到的问题都是相似的，我们感觉到迈不过去的坎儿，对其他人来说也是如此。我们退一步，一点一点地看清自己，也就看清了我们的家人、我们周围的同事朋友，没有对错，只有同在！

·这几天跟着曹老师做功课，再加上每天发生的事，我渐渐看清了自己的模式：要强，不敢落后，遇事尽量自己办，怕麻烦别人，总是想照顾家人，但往往带给他们压力，可能是老大的缘故，我特希望弟弟妹妹都听我的。

·我才明白说不管用，得做。

曹老师：必须做才能改变。

2015年2月2日

曹老师：今天是第43天了，功课是当觉知到自己不接受、抗拒时，心里默默地向父母鞠躬五次，感觉一下体会到了什么。

家人分享

·首先非常感恩老师的爱与慈悲！让我觉知与父母从小以来的顶劲儿，抗拒、不接受，自己委屈，父母难过，都在那个灰色的世界里一直无力地挣扎，直至遇到老师，让我重新开始一点点认识自己，回归自我，内心开始清晰明朗，看到和父母一直以来的惯有模式，和父母的关系在悄然转变。

·一段时间以来，心里存在许多困惑，上了曹老师在清华的幸福系列讲座后就想来做个案，但是我一直在给自己打气，希望通过自己的力量能走出来。于是我去旅行，旅行中有好友的陪伴和安慰，但是回来以后没几天又回到了原点，痛苦依然在心里。于是我决心来曹老师的中心。在这里我对着老师们说出了压抑在心里的东西，通过老师讲解和排列看到形成这些问题的内在原因。通过两天学习，身心得到意想不到的轻松与愉悦。我相信我的人生会走向新的里程。努力！加油！

·最近一直提醒自己的是，越位的爱是一种不尊重，做好自己，活好自己是对亲人们最好的报答！

·在看到老师的指导时，我心想，若这一天没有感受到拒绝不接受的情绪咋办呢？后来我忍住没问，结果没出多会儿，我去财务办事儿，要工资表，对方没有给我，说再等等领导（虽然办公室主任已经对她说了领导这两天可能不来了），我心里顿时升起抗拒的情绪，心立刻皱巴了，没走几步，我突然想起老师让做的，就偷偷乐了，然后乖乖回来，静静坐在这儿，默默给父母鞠躬，对他们说‘对不起，请原谅，谢谢你们，我爱你们’，顿时又舒服了，心的那个不拧巴是瞬间转化的。

· 周六周日去心归乐园学习两天，收获很大。体会到了老师说的大背景，看问题不再是局限于看到的，体会着看到事实的发生。这次又触碰到了一直以来困惑自己的一个模式：看到别人生气、不高兴后，一直渴求自己有能力去化解，但是没有看到自己对这些的不接受，当自己化解不了的时候反而责备自己无能，从而让自己处于一种无力、痛苦的状态，当老师让我看到这些都是源于与父母的关系后，自己不再纠缠于其中，有种解脱感。在老师的帮助下做了与父母关系的连接，今天做鞠躬的功课时，就感觉特别亲切，周围的空气都是软软的、柔柔的。脸上不由自主地洋溢着发自内心的微笑。感恩老师！再次深深地感觉到如果没有老师的指引就是盲修瞎练。亲爱的家人们，此刻与您分享收获之后的幸福快乐，我相信您也会有的！

· 我时刻准备着去您那里，这段时间我因为坦然面对发生和接受，感觉有点活出了人的样子，真的很感恩老师的帮助和引导！

曹老师：跟随着走，那个结果一定是光明灿烂的结果，生命一定是绽放的！

· 感恩老师带领我们一步步深入自己内心去感觉自己与父母亲的关系模式，好好善待我们的父母，对他们顺从和爱抚让他们开心，我们的生命才不拧巴，默默向远方的母亲鞠躬，给妈妈打电话，听她说那些她年轻时的往事，听妈妈嘱咐我，告诉妈妈我一定安排时间回家和妈妈在一起，向天堂里的父亲鞠躬，深深忏悔曾经不懂事的女儿带给爸爸的哀伤与失落，向父亲深深鞠躬。

·今天出现三次心烦时候，马上在心里默念：对不起，爸爸妈妈，谢谢您，心就平复许多。

曹老师：在遇到这情况的时候慢慢地让身体鞠躬，这个时候不是在做一个表面上的形式，会激活你身体的记忆和小时候与父母的记忆，你的身心就会柔和下来。

2015年2月4日

曹老师：这几天的功课的主要目的是：在看到抗拒、不接受的冲突心态时，不纠缠于眼前的是非对错的视觉和模式，而是转向认识所发生的现象与父母的关系上。鞠躬的方式是增长身体的柔和，接受记忆和激活身体与父母关系的记忆，认清实相，而不是头脑的评价、批判、自责等。今天继续认真做，我可以告诉你，却代替不了你。

家人分享

·今天的功课让我体会到，对于父母我内心的愧疚很深很深，亏欠他们太多太多，语言态度都曾令他们伤心过，在一起时没有像对自己孩子那样耐心，有时着急，说话语气也有急躁，没有带着深爱觉知他们慈爱、脆弱的心。当今天默默向父母鞠躬致歉时，感觉自己在一点点觉知衰老是多么无奈和残酷，我们很少为父母真正着想，总忽略他们生命的表达和发生，就那么执拗着，在鞠躬的时候，心缩紧了：行孝不能等，世上最疼我们的是父母，好好服侍他们，陪伴他们是我们最大的幸福。我们由父母而来，他们是我们生命的来路，为我们生命指明了大的朝向，唯有去了解和臣服，我们才能获得心灵的安稳。

·每个人有自己的活法，妈妈有她的活法，儿子有儿子的活法，

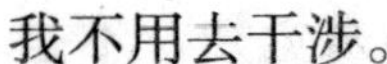

我不用去干涉。

一日总结

曹老师：今天将过去了，认真做功课了吗？体会到了什么？不能真正看到父母原本的样子，不了解他们，是不可能真了解自己的，与别人的相处也只能是雾里看花。

2015年2月5日

曹老师：今天是第46天了，这段时间一直训练我们看到自己的模式，其目的是当我们不断看到各种模式时，才有可能看到真实发生中的自己。因为有了这个基础性的静态大背景（视角）做衬托，你自性中的觉知能力就会启动，它是看到真实的慧眼。这是原理，也是这样做的重要性。所以大家仍在观察模式上下工夫，如果看不到自己的模式，想转化自己便是空谈，也是制造内心和外在冲突的根源。

家人分享

·今天给父母鞠躬时，似乎看到了自己小时候倔强任性又脆弱的模样。即使错了，也不允许爸爸说！半辈子过去了，尚不能够心平气和、心悦诚服地听取他人的劝导，真够“牛”的。再者，我太容易犯“想当然”的毛病了！我宁愿四处去求师问：为什么我那文静聪慧的女儿不喜欢书法呢？而不去给她相关的环境去熏习！事实证明：她喜欢书法，练字时比谁都更认真开心。这是我去做之后的发现！很多事，做了才真知道。

·用给父母磕头、鞠躬的方式来转化负面情绪！

曹老师：不要用理解，做了才真懂。

·曹老师，我的理解是用一颗不分别、不执着的心来觉知，不是大脑的思维活动。不知道是不是这个意思？

曹老师：做时去体会，不是假设。

·我从小跟妈妈、姐姐长大，爸爸一直在外地挣钱养家，对爸爸没什么印象，中学了才在一起生活，关系还好吧。和婆婆的模式要看爸爸和妈妈的模式吗？

曹老师：不用做什么分析，生命是很真实的。只是照着我说的去做，你会不断地发现开始转化这个现实状况。

老师说得太对太妙了！真的不用去分析，不用再劳累自己去在一个一个现象上面做分析，就在一个个发生中立住，不被正发生的事困住，去看去感觉自己，那一个个模式就清晰可见了，像小时候看的万花筒，自己有那么多的面，有那么多的一直都在重复的模式，真像放映电影一样，看着看着，自己就会自言自语：这就是我吗？是啊，就是我，啊，真的？好吧，以前不曾这样仔细看自己，现在慢下来通过功课来看自己，觉得自己很多地方太苦了，简直有点极端，不停地忙乎，被一个个忙不完的任务追赶着，好累好累。再看看爸妈他们也是辛苦一辈子，感觉到了一些东西，心里畅快一些了。看着那么熟悉又陌生的自己，觉得好可怜，真不要一直这样下去。

2015年2月6日

曹老师：前天是立春，年大不如春大，这个岁之始是真的做除旧迎新的事来进行身体的记忆，有一个真正的开始。

对自己有点耐心，像对待一个刚刚满月的婴儿，需静静地陪伴。今天的功课是清理你的工作环境或生活环境。思维方式是一切物品要归类，定向、有序、整洁。体会自己的拖延、无视、懒惰、无力的生命状态。

家人分享

·在幸福之家我的拖延症有了一定的改善。每天给宝宝洗澡、擦药、吃饭、洗衣的程序定向有序，物品归类、整洁，越做越顺手了。这让我大大提高了掌握生活的信心。

·今天见缝插针顺手整理武汉的娘家。阔别十余年，环境物品还很生疏，发现爸爸妈妈上年纪后反应很慢，也没有能力做到分类整洁了。轮流吃晚饭时，爸爸将宝宝托给6岁大的小外甥，自己恍惚着来客厅晃荡，活跃的宝宝差点翻下木车椅。这时我意识到多年来对爸爸的指责模式让父女关系充满对抗，造成许多小事故，这几年还有变本加厉的趋势。

有了前面练习的基础，我忽然明白，我只能接受这个样子的爸爸，换种方式与他相处。我决定首先从不对他提要求做起。如果他又做错什么或闯祸了，那不是他的问题，而是我们不应对他提出超出他超过能力的要求。写到这里，我内心平静、安稳，我觉察到全家休息了，他还在厨房擦洗。他并不是我原先判断的自私而应付生活的人，他需要我们的接纳。

2015年2月7日

曹老师：生命每天是很实在的，符合了就愉悦，否则就痛苦。我们这个大家庭不是要学什么或求什么，而是要实实在在地活出自己，按照生命本然的需要过好每一天。今天的功课是继续善洒扫，优化自己的工作、生活环境。体会自己以往的无视、懒惰、得过且过的麻木状态。切记要分类，定向、有序、整洁哟。

家人分享

·觉得老师说到心坎里了，之前很多日子过得混乱麻木，每天似乎戴着个沉重的面具，生活也似是而非，做了这么多天的功课，好像那层厚厚的灰土外壳才被挖开，里面的生命之核终于出来了！

·谢谢老师天天耐心地指导，让我们在各个方面对生活有着不同的领悟。这两天跟随着您的指导“善洒扫”，那些灰尘和多余的物品就是负能量的积聚，清理之后心情轻松舒服多了，基本做到了所及之处一律清洁，感恩老师！感恩各位家人们的分享！

·体会着如果没有老师的引领自己就没有感知爱的能力，如同一个睁眼的瞎子忽视着周围的一切，今天善洒扫中体会一切对我的表达，非常的感动，爱就由此而生！感恩您亲爱的老师！

·老师我悄悄回禀您：我没给爹妈鞠躬，只是少说了两个“就不”，他们就乐开花了呢！爱父母，也爱您！

·今天看《〈论语〉感悟》，从心归乐园回来再看这本书，有许多新感悟，更深刻体会孔子讲的孝敬之道、忠恕之道、仁爱之道。合上书静静体会与父母的连接、与万物连接，从中看到小小的我。

·真心为家人高兴！亲爱的家人们，今天踏上了返乡的旅程，回家的心情都不错。这两天也在静静体会家族中的大背景，觉知到生命从中所得到的成长以及受到的阻碍，体会着真实的内心，感觉胸口曾憋闷的东西在慢慢化解，抗拒的力量减弱，内心在给父母鞠躬，有种想要流泪的感觉，这一刻心突然柔和了，不再抗争了，紧攥的内在也在舒展，很美妙。家人们，都在行动中吗？很是感恩老师！

一日总结

曹老师：今天即将过去，你好吗？感觉到让物动起来的时刻，就是自己生命灵动的绽放啊，爱从周边的一草一木开始。春之生机也从善洒扫中领悟吧。

2015年2月9日

曹老师：今天是第50天了，又临近春节，家人在忙什么？在前两天的善洒扫中，体会一下是不是给自己和他人营造了一种祥和的环境呢？这是生活的基础，最贴近生命的需要，是激活感觉能力、观察能力、定向思维能力等的过程。建立人与物的关系，通物性，使人活进生命，体验发生的真实。

今天的功课是计划为亲朋好友采办祝福品。你此刻先想到了谁？谁是你的家人，却被你忽略了？你为他们买的东西是你喜欢的，还是他们需要的？

过年的“过”是让该过的过去，一切从“新”开始。前两天清理了旧物，爽吧，今天去为那些有“过节”的家人或朋友准备点什么吧。做了你才真知道那是什么。

家人分享

· 善洒扫中因为知道没有做细，所以每个地方深入去看都不满意，还体会不到祥和的气氛。今天的功课第一遍看脑子又空白了，接下来再读就有感觉了，感恩老师的提醒！

· 我和爱人自从去曹老师那里到现在，关系越来越好，孩子也越来越懂事和孝顺了，让我最困惑的恐惧也逐渐消失了，感恩老师的帮助。

· 我爸爸是个特别暴躁的人，因为对他的不满，我一直跟他对抗，直到上大学以后变成少联系，现在才变好。但是我发现一个令我吃惊的状况，就是我面对自己的亲人，也在重现他的模式，冲动、暴躁、主观臆断。那个我一直抵抗的他，某些时刻却好似附在了我身上。

·今年春节因为值班不能回老家过年，婆婆回去时我买了些北京特产带回去。前晚想起奶奶，又给婆婆多包了500元的红包带给奶奶，今晚给奶奶电话她很开心，虽然不舍得我们花钱，但还是很欢喜。年后有可能回山东老家几天，这次想给姥爷和奶奶准备红包。给爸换个手机，给妈买了榴莲糖寄回去。还要给姨妈及小朋友们准备礼物。以前我常忽略这部分，今年要逐步捡起来。

·这几天老师的分享，对我内心冲击都很大，往事历历在目，很多时候不接受自己是这样的，上周心口痛了两天，现在还有一点，我特别想哭，我做得太少了。在给父母鞠躬的过程中，升起了忏悔心和恭敬心。“深深地吸一口气，慢慢吐出来”，告诉自己要沉住气，每一个人都是具有无限可能性，我要相信自己，跟着老师的指导去做就行了。加油!

·下山，坐上回城的车，第一时间打开微信，看到老师和家人们更新好多，老师依然和缓、轻柔地指引、指导我们，发言的家人也把自己的所悟和进步分享出来，温暖油然而生！这样和谐幸福的家庭氛围是我们无比向往的，真心感谢老师，也希望家人们把这种温馨带给身边的人，让“幸福”这个能力更好地内化于心，不辜负老师引领。爱自己，爱父母，爱家人!

一日总结

曹老师：又是一天，大家都做功课了吗？分享一位同学的感言：“太感恩老师了，我真的忽略了一位家人都容易忽略的人。此刻心里很激动，我想我可以做些什么。”你忽略了吗？让该发生的发生，就是新的开始。

附录3

后续篇 曹老师微信答疑选编

在网络幸福之家的微信群里，经常有家人提出一些疑惑，曹老师随问作答。这里选编了前50天里的一部分。

问：计划永远撵不上变化，早已习以为常，很多计划其实都是破碎的连续，或者换个通往目的的道路而已。

曹老师：计划是赶不上变化，但如果你没有计划会觉得轻飘飘的。当有了计划的时候，虽然变换，但是你会学到如何调整得严谨和看得更全面。往往只有建立计划，定在一个点上，思维才会慢慢清晰。好好体会一下。

问：老师，我每天都在看您发的话，可是总觉得没有完全理解，不知道怎么具体去做。

曹老师：看别人每天是怎么写的，每一周都有一个总结，看看就有感觉了。过去我们对这些太陌生了，只能说明这一点，如果以前对这些都很熟悉的话，那你就会觉得很有道理。慢慢来，不用着急。

问：老师，我现在的情况是不是心里过于想怎样，反而被这种能量控制了呢?

曹老师：我也一直很关注你们这个组，我感觉你们平常做得都挺好的。但是我想提醒一点，就是我所提到的这些不是具体的非要让你做成什么，而是要形成看问题的一个大的背景和视角，有了这样一个基础，你看问题就能看到它的来龙去脉、本末大小、轻重缓急。当你可以看到这些的时候，你自然就能够在那个里边，游刃有余地去化解。

就好比我们平常的生活像一个乱码，等有了计划以后我们就会把它梳理清楚，我们看周朝八百年，就是把序位搞清楚了以后，很多的事情都是自然发生的，就是化事不再生事。

·谢谢曹老师，说得太到位了。

问：今天中午与同事大吵一架，我如何来分析。

曹老师：定向有序就是让人的内心能够安稳，看问题能看到来龙去脉。如果你在急着和别人吵的时候，和别人在急着和你吵的时候，彼此都是没有看到真正发生的事实，都在自己的那个急的情绪里边儿。急的最重要的一点，就是它没有一个整体的思考和大背景，做事经常没有章法，人面对类似问题以后，就常常出现一个所谓急的情绪。这样的话，我们就可以把这个不爽发泄出去，逃避着这样的自己，不去面对和负责任。

定向有序这样的一个思维形成以后，人格就会独立，当人格独立的时候，受外界的影响就非常少，就能够使人很冷静地去看待很多的事情，少一些浮躁，所以真正在自己身上要下这样的功夫。

不管打架也好，吵架也好，不管他是怎么样的情绪，这些都是像乱码一样，如果理清“位”和“序”的话，很多东西就自然而然地化解，我们现在下的这个功夫就是在日常生活当中形成这样的定向有序的背景。

咱们这个群里不是什么高谈阔论，是真正带着我们一起，在每一天当中如何建立起真正对我们生命成长有帮助的。这些方法以及成长的要素，大家平常要真正去慢慢体会。

问：昨天在幼儿园里发生了家长的暴力事件。

曹老师：这种暴力的人，他们平常的言谈举止中带有侵犯性的表情、话语，更多的是一种抗拒的意识，这些都是潜在的一种规律。所以看到这类人的时候，我们尽可能多去观察，跟他保持一定距离地观察。

问：我现在每天感觉触碰到小时候被压制、被训斥、被讲大道理的按钮，就想发火，就是想对他们吼，不要给我那么大的压力，别把我训成乖乖女。看见这股火，但是没有办法发出来，就怕伤害了父母，可是他们确实让我压了这些火。我被这股火控制着。

曹老师：请不要对着父母发，你可以找一个没人的地方，把那个没有经历完的过程经历完，就会很舒畅的，要带上觉知。

问：每天我的生活都很简单，就是带着孩子吃喝拉撒睡。今天的关注点是做个慈母，结果是好难呀！发现自己关照不到孩子的需求，没有站在孩子的角度去了解孩子在想什么。还有就是孩子照出了我童年的匮乏，现在我还是无意识地把那种匮乏传给孩子。孩子从小问我要什么东西，只要我没想买，我的下意识都是不买。现在孩子只要经过买东西的地方，就想要我买，也不考虑是否真需要，一遇到这种情况我就好头大，很痛苦。老师帮帮我吧！

曹老师：你抱一抱她，晚上陪着她，让她能够真正地在内心里满足，这是很重要的。小孩向外要这个要那个，就是一种猎奇，或是说内在的不满足感，所以平常要能够跟她们，比如玩一些什么玩具啊，在一起干一些事情啊，而不是你干你的，她干她的。

问：老师，我最近有些忙，没有跟上，现在总结有些吃力，不知道该写些什么。

曹老师：学会放松地做事，只是在脑子里过一下，平常经常地提起，这样人就会自然在发生变化，不是非要怎么怎么样的，如果那样的话，你会有很大的冲突。

不需要急着改变什么，只是不断地发现自己就足矣。就在这地方努力一点，就叫真的努力。

·好的，老师！不急于去改变，一点点去发现。

问：亲爱的曹老师，回归生命，协调，两方面平衡，请问：哪两方面平衡呢？

曹老师：感官需要和生命需要这两个方面的平衡。人生存方面的需要，是必不可少的，但在这里边如何找到平衡，能够使我们回归身心的安稳，就是我们最近这段时间一直在带的。

问：我对需要的理解有困难。

曹老师：我们常常会因为概念，或是感官的需要，或是因为一些外在的看似都是需要的，最后把自己生命内在真正的快乐、美的东西丢失了。举个例子，比如说人生命内在的需要是喜悦快乐，但我们往往就会在一个事情上说你的对了我的错了，把自己弄得很不愉快，忘记了自己真正需要的是快乐。所以经常要能够感觉自己，这件事如果不快乐的话，就停一停，照顾一下自己内心的平静喜悦，慢慢就会知道原来这两者是可以统一的。外在的一些需要是可以的，但是要符合我们内在的快乐幸福。我们现在带的就是让大家把自己平常身心需要的先立住，再去干什么就会不同了。

·谢谢老师，先使自己身心安稳，再去根据内心的快乐与幸福去协调外在的要求和需要吧，我们都在努力体验中。明白多了，老师说得有道理。学会带着一份觉察过生活，修炼自己，让生命处于内外平衡的自然状态，不拧巴。非常感谢！

问：第2个月开始了，我越来越专注和深入，对老师有难尽的谢意。有一个问题要请教老师，关于老师提到的“完成某个目标的工具”，我也是有些小纠结，我的工作本身就是一种工具性的存在，若是为集体服务还好，有时不经意间也是作为领导意志的一种执行工具。是否会因为我对自身的关注而降低这种工具性？工作上我也一直在思考，找到合适的点去调整，不过目前似乎没有合适的机会。

曹老师：无论我们在做什么样的工作，只要在做这个工作当中能够带着怎么让自己的身心达到稳定、在这个工作当中如何看到整个大的背景，从这样的一个视角当中去看待自己，你的身心就都在稳定当中。如果忘记了这些，你做事的时候就会把自己的身心拖进去，这样就会很辛苦、很累。你再体会体会，如果不明白，再问我。

·谢谢老师，您说的这点我有些体会，在内观课程里也学到过，就是不被情绪或外在牵着走。当我们觉知时，我就是我，就在这里。这两年换了大领导，是比较偏谋取个人私利的那种，有许多我看不惯，不太能接受的东西。这几个月自己调整的得好些了，更多地会去看他为什么是这样的，看自己为什么会遇到这样的领导，努力去找那些回应的点。跟着您实践的这一个月，我觉得外境也是在变的，我的抗拒也少了很多，这是一种互动。我还需要慢慢体会，先练习不把自己的感受过多地带入，在服务中成长自己。

问：亲爱的老师、家人们好！我的困惑是，我在做事情或看书时很容易被别人的说话声带跑，很难做到持续地专注，很散乱，这也是我失眠的原因，我怎么才能成为专注的人。

曹老师：专注是我们每一次知道散乱以后，不断地回归的一种状态，久了以后就会慢慢稳定下来，也不用太着急。

问：是否要24个小时都计划好？

曹老师：嗯，这个疑惑，是你真做了吗？如果你真做了，就不会问这个问题了。其实计划是训练自己有整体意识的一个入手的点。

问：我理解的计划是做到心中有数，知道自己每时每刻在做什么，不用把计划写下来，我的理解对不？

曹老师：计划是不需要特别的具体，就是以那五个点为主线轴，非常清晰地在脑子里形成一个大的背景，再把所要做的一些事情定下来，这样不断地去做，就会围绕着身心安稳来发生。

问：非常感恩曹老师的功课！相信跟着曹老师，心中爱的小树会越来越茁壮成长，生命中滞涩的地方会自然通畅。生命中遇到曹老师，遇到家人，是上天对我的恩典！

曹老师：当你带着这样感恩的心去看待这个世界的时候，有哪一点不是恩典呢？那是一个非常美好的境界。

问：知道和做到总是有很大的差距，习性业力都有，如何做？困惑。

曹老师：请你看到自己的一种消极的习气，比什么都重要。当你看到这个以后，你愉快地能做点什么就做点什么。修行不是非得要定一个什么目标，非得达到什么，而是不断地看到自己，对自己所有的习气都能够接受。

不要总想着那些名词，被那些名词所困。你真的做到哪儿，你自己的内心就会给你一个清晰的引导，那个时候的明白是自然明白的，不是想明白的。

问：感恩老师。我的外表给所有人的感受都是阳光和自信，静观一下自己的内心不是那样的，不接受真实的自己。我原生家庭中爷爷、爸爸都很优秀，我发现我无论怎样都达不到他们对我的认可。

曹老师：不是要让他们认同你什么，而是你自己真的能够接受那些你认为不合适的地方，真正优秀是在这个地方。

问：我静观到由于他们的不认可，我这么多年的努力都是在试图被他们认可，内心对自己的要求很高，对当下的自己深度地不接受。

曹老师：是这样的，我们常常被封存在很小的时候看待事物的状态里面，使那个状态成了我们。我们想超越那个的时候，真的需要自己做好准备。当真的想去面对的时候，那条路自然就会形成，而不是在这里认定我是这样的，这是一种认定自己的状态，并不是真的想去看到自己。你慢慢地去体会吧。

问：“孩子考试成绩不理想，我看到自己对他在一些方面关注得不够，还是我的问题。要想帮助家人，需要看到自己，要想看到自己，需要看到别人”。不太懂，怎么理解？

曹老师：对孩子没有期待的时候，孩子就会真正解放了！

问：我们之前侧重的都是与个体的连接，现在曹老师正带领我们去感觉整体意识呢，还在关注基础意识吗？别掉队了呢……

曹老师：你仔细体会体会，建立这些整体的意识的时候，是不是就是在建立一个基础的东西。咱们是用不同的方式来带，感觉到整体的意识、大的背景和基础的意识建立。慢慢地你就会有一个非常浑厚地看问题的视角和立体的思维方式，这都是很自然的。你先不用问，慢慢地你就进去了，你就可以感觉到了。

问：我想问下，“沉在自己感兴趣或必须做的事物中，钻进自己的世界，忽略其他的”和专注有什么区别啊？

曹老师：一种是有大背景，知道自己和整体的关系，这是专注。另一种状态是沉迷。

问：曹老师，我有个疑问，我最近主要的功课都是在发现自己、找到自己，这个和您说的自我、活在自己的世界里怎么区别？我怎样能有自己，但又不陷入自我的怪圈中？

曹老师：当你钻在自己那里面的时候，可能周边发生了什么你都不会知道。当你要碰到自己的时候，会一下子豁亮的。一个是内心非常喜悦；一个是沉闷闷的，或者说一放下那个所感兴趣的事，自己都不知道干什么了。

你不用总是乱想，我说的那些话，你就去不断地感觉它，包括那五个连接点。

问：曹老师，我想在这里问问您，在总结的时候应该注意一些什么？为什么我所做的总结和大家的好像挺不一样的，我所总结的就是这一天当中哪一个闪光点，总结起来就好像是散落的珍珠一样啊！感觉没有一条主线，那你可以教大家总结的一些要素吗？感恩您。

曹老师：总结就是依照我上个月围绕主题，以身心安稳设立一天的计划、总结和一日三餐，回落到这个点上来总结就可以。比如今天这一天我这几方面做得怎么样。

还有这个月围绕的主题，把这五个点变成了基础的点，辐射到你生活中的五个面。在这五个面上用心，就形成了一个大的整体，你在这一个整体当中，把那个自我脱落。这些东西你只要挂在心上的时候，会有很多的触碰，一旦有了触碰和体验，你就在这些基础点和根本点上，也就是在贯穿的主线上来总结就不散了，你那些珍珠就可以穿起来了。

问：曹老师，我刚生完老二，感觉自己的生活乱七八糟，生活无序，老大根本照顾不上，家里老人又惯孩子，我心里很着急，不知道怎么调整自己，希望得到您的指导，感恩老师。就像老师说的，没做好充分的准备老二就来啦，自己在生活中又总爱着急，没有方法改变，只在原地打转。我努力跟好老师每日课程，接受真实的自己。

曹老师：这就已经反映出我们过去在生活、工作各个方面确实有很多的基础没有完全准备好就生了。没有什么可着急的，就是面对这个事实。现在我每天带的这些内容本身就是在给我们补功课，如果这些功课我们不做的话，我们做事情都会处于一种茫然的状态，只要认真地去落实，做不到也不要紧，接受自己做不到，能够不断看到自己，才自然会努力。祝你每天快乐呀，带好两个小宝宝。

问：前男友删了我的微信号，我心里很难受，觉得又被抛弃了一次，不敢再打开自己，对于男人有不信任的恐惧。

曹老师：对于自己的恐惧就是自己的，和别人丝毫没有关系，如果我们总想把自己挂在别人身上，只能增加更大的伤痛和恐惧的心理。所以每一次真正地直面自己，不是直面自己非要怎么样打开自己，而是直面自己发生了什么就是什么，在这个发生当中真正看到自己就在化解。所以一个人的独立就是这样一次次地完成的，和别人没有关系。

问：老师，在集体宿舍住，打扫的过程会纠结、疲惫，没那么多精力，而且不易保持，怎么办呢？

曹老师：善洒扫是播撒爱的过程，做一点爱一点。

问：爱自己的屋子，爱自己的家，爱自己拥有的，是吗？可是，把所有的物品放得那么整齐，是不是有控制的含义在里面？有洁癖的人会有控制欲吧？有的人看见东西乱就难受，不收拾不得劲儿。

曹老师：太爱联想了，去联想做总裁不错。乖乖，还是在发生中体会吧。生命的状态不可假设。

问：每日重复性工作、生活，辛苦劳作，日复一日，感觉既无趣又辛苦，甚至感到无聊，疲惫不堪。该如何化解呢？请教老师。

曹老师：人生很多的东西都是在重复，是人活下来的一种特质，所以并不是什么事情无聊、无趣，而是我们对这一个真相还不够了解。等你了解了，看到人生不仅是工作不断地在重复，生活也在不断地重复，各种模式也在不断地重复着。在这样的一个个重复当中，人如果不能看到这些重复，就会被这些重复所控制，自己的生命不能够绽放了。人的特质就是各种方面堆积起来的一种重复。

·感恩老师，听了莫名想哭，感觉老师的心好软，好有智慧。我喜欢您，老师！

问：老师，感应是怎么回事啊？是潜意识的作用吗？另一个问题，为什么我总感觉自己没有正能量啊。

曹老师：感应可以说是内在的设置与外在条件的相互匹配。

另一个问题你感觉一下，总想要得到正能量的同时，是不是就在排斥着现实发生的。中断了连接，就会无力。只有同意自己无力的状态，你才会轻松下来，化解内心的冲突。

问：在飞机上一直在想曹老师讲座里家族认同的问题，感觉到很多以前在回避的问题！我的父亲非常暴躁，在家里我和母亲非常压抑，甚至不太敢表现出特别开心，并且，我的父亲生意受挫以后长期赋闲在家，我母亲一人容忍他的坏脾气还担起了养家大任！

上清华大学以后，我觉得从家庭的阴影走出来了。昨天我感觉到，它们并没有消失，而在默默影响我——我有畏难精神，面对困难，我常常在心里害怕，想躲避。我暴躁，害怕误解，甚至有时会激怒老公。有时候，我的内心会升起很多绝望的念头。

曹老师：鞠躬就代表着我们对于这样的一个家族命运真正的臣服，不再想去抗争。当一个人的心真正地臣服于一个事物的时候，我们的心是平静的，才能够看到更深的。感觉到他们的那些痛苦，我们才能够在这样的一个背景里真正地解脱。他们那样的脾气，有他们那样的成长背景。当看到更大的背景以后，我们才能够真正地解读一个人。我觉得你有能力，能够胜任非常好的生活。

·谢谢曹老师，昨天在飞机上我几次想哭，因为我感觉我曾经的态度是，埋葬这段历史，开始自己的人生。可是这样的快刀斩乱麻，让我看不到很多东西的背景，谢谢您了，我会慢慢体会。

问：下午改稿，晚上边做饭边听您的“清华幸福课”录音第一讲，就到了现在，感动依然。这一天的感受是：只要我在那个时空状态里，不需要资格，我就在爱中，那里有爱、有被爱，我就是爱的状态本身。关掉手机做功课的一天，清醒地幸福着。感恩曹老师！

曹老师：爱自己才能有被爱的资格。细细体会，不是想。

问：老师，今天感受到了爸爸妈妈的理解爱和支持，当我接受他们指责时发现指责也是爱，不会去马上想要堵住他们的嘴了。

曹老师：这很重要，你感觉到他们了，再看其他人就变了。

后　记

2014年10月23日，“清华幸福课”第一讲在清华大学医学院学术报告厅如期开讲，200多个座位的报告厅座无虚席，连过道上、讲台两侧都坐满了同学，后面几讲都保持了这样的场面，甚至有同学在寒风里站在窗外听讲。我感动于大家的这种求学若渴的精神，同时也有几点感想：第一，人们在生命经历中确实有着太多的困惑和疑难，阻碍着我们感受幸福，生活在沉重甚至煎熬当中；第二，人们越来越重视精神健康，以一种开放的心态来直视和面对，主动地寻求走出困惑的途径；第三，面对人们的这种精神生命的诉求，社会所能给予的帮助还太过匮乏。所以，能有这样一个机会和听课的同学们以及社会各界朋友相识，让我的研究成果能够对大家的生命成长起到一些作用，我对课程的组织者们非常敬佩和感谢。

“清华幸福课”的起因可以追溯到2013年，当时龙宇同学有感于同学中间普遍存在恋爱方面的困惑和障碍，找到我希望能够做些事帮助同学们，我表态完全支持。所以，由龙宇和清华心理学会发起，由我主讲，组织了五讲关于大学生恋爱情感问题的系列讲座。讲座的反响非常热烈，而且很多同学希望在其他主题上能够继续学习，获得指导。

2014年，清华大学健康产业研究会的郭藏燃会长和龙宇又一次找到我，鉴于大学生开始独立面对人生，更需要获得一个带有全面性的指导，提出希望由我开设一场以“幸福人生”为主题的系列讲座。两位年轻的博士，一直在帮助别人上持续用心和行动，这是我最为支持和感动的。从10月到12月“清华幸福课”系列五讲顺利完成，从讲座的主持，到确定场地、发布通知、组织课堂等大量工作，都由清华大学健康产业研究会组织完成，对于他们的付出，表示衷心感谢！

由于讲座是从生命的角度看待幸福，涉及的内容很广泛，并没有局限于在校学生的话题，所以社会各界越来越多的人员也参与了，并有很多有价值的课堂互动。有几家出版社在听课之后提出希望能够合作，出版书籍或音像制品。中国纺织出版社的李猛编辑，几次专程找到我提出出版计划，感受到他的年轻敬业以及对课程内容的了解，我同意把这次课程整理成书。李编辑全程跟进了这本书的出版工作，我们的合作很愉快。对李编辑付出的努力，表示十分感谢。

“心归乐园”是正源家庭教育研究机构的所在地。这是一个特殊的四世同堂的大家庭，二十几年来，大家“非亲却似亲”，在此相伴走过生命成长之路。他们有罗彩霞、马胜改、王志宏、王秀华、赵秀英，赵掌等七、八十岁的老人，也有刘亦雄、孟炳智、夏东森、王士魁、曹丽敏、傅真、路爱珍、于国霞、杨晓霞、武万生等四、五十岁的同事以及张莫、金心、时运来、赵敬东、赵静、李星珂、周圣尼、王弘、冯晓杰、李梦龙、李光辉、楚胜娟、余福涵等“80后”、“90后”的年轻人。

这本书是大家生命践行的成果，对于他们全身心的付出表示深深的敬意和感谢。

在我多年的教育生涯中，家人们始终给予了最大的肯定和支持。

感恩父母，他们的言传身教给了我真诚的品质和细腻的生活态度，他们的直言教诲奠定了我直面生命的勇气和毅力！也很感谢兄妹们各方面的关怀和支持！

感谢爱人、女儿默默地用心陪伴和志同道合的友人的鼎力支持！

一路走来，师恩永记。最深的崇敬、感恩和怀念，献给我的恩师！

这本书是众多人生命成长历程的结晶，愿读到它的人们都能从中获益，开启幸福人生！

曹丽清
2015年6月

清华幸福课